Kiki Kaltwasser

# Der Weg zum Pferdeflüsterer

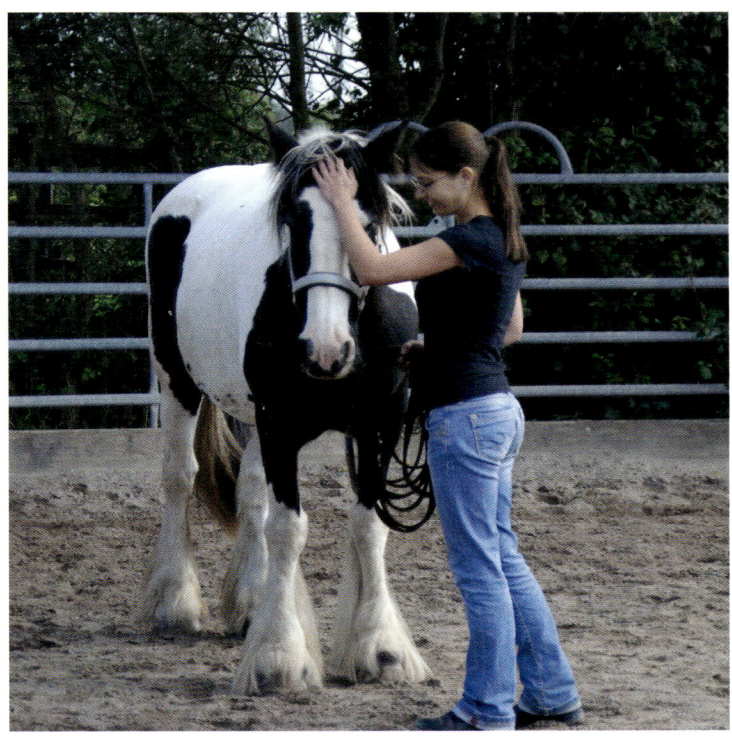

Müller
Rüschlikon

## Impressum

Einbandgestaltung: Kornelia Erlewein

Titelbild: Tierfotoagentur.de / Nina Schmaus

Bildnachweis: Kerstin Diacont: S. 13 links oben, 18, 21, 35, 39, 41, 42, 43, 51, 56, 79, 82 oben, 83 rechts, 89; Romo Schmidt: Skizzen S. 14, 15; Holm Wolschendorf/CAVALLO: S. 38, 45. Alle übrigen Bilder stammen von Kiki Kaltwasser.

Alle Angaben in diesem Buch wurden nach bestem Wissen und Gewissen gemacht. Sie entbinden den Pferdehalter nicht von der Eigenverantwortung für sein Tier. Für einen eventuellen Missbrauch der Informationen in diesem Buch können weder die Autorin noch der Verlag oder die Vertreiber des Buches zur Verantwortung gezogen werden. Eine Haftung für Personen-, Sach- und Vermögensschäden ist ausgeschlossen.

ISBN 978-3-275-01908-3

Copyright © 2013 by Müller Rüschlikon Verlag
Postfach 103743, 70032 Stuttgart
Ein Unternehmen der Paul Pietsch Verlage GmbH & Co. KG
Lizenznehmer der Bucheli Verlags AG, Baarerstr. 43, CH-6304 Zug

1. Auflage 2013

Sie finden uns im Internet unter www.mueller-rueschlikon-verlag.de

Gesamtleitung: Claudia König
Lektorat: Steffi Gaede
Innengestaltung: Kerstin Diacont
Druck und Bindung: Paul Schürrle GmbH & Co. KG, Stuttgart
Printed in Germany

# 1 Basisebene: Der Zauberkoffer für Pferdeflüsterer

# 1. Basisebene:
# Der Zauberkoffer für Pferdeflüsterer

### Warum sind Pferde so, wie sie sind?

Der Zauberkoffer für Pferdeflüsterer ist WISSEN. Um das Wesen »Pferd« verstehen zu können, müssen wir seine Entwicklungsgeschichte betrachten: Vor ungefähr 60 Millionen Jahren entwickelte sich auf der Erde der Vorgänger unseres heutigen Pferdes. Die Tiere waren zu Beginn kaum größer als ein Schäferhund. Sie lebten in dichten, sumpfigen Urwäldern und, wohl der entscheidendste Unterschied neben der Größe zu unseren heutigen Pferden, sie liefen auf mehreren Zehen. Mit vorne fünf Zehen und an den Hinterbeinen vier Zehen ausgestattet war es ihnen gut möglich, den sumpfigen Boden zu durchqueren. Die Forscher nennen das Urpferd Eohippos oder auch Hyrachoterium. Verschiedene Skelett-Funde können die Entwicklung des Pferdes belegen. Wer einmal die Möglichkeit hat, das kanadische Royal Tyrell Museum in Alberta zu besuchen, kann hier die Entstehungsgeschichte des Pferdes wunderbar betrachten. Im Laufe von Millionen von Jahren entwickelte sich das Urpferd und musste sich, bedingt durch klimatische Veränderungen, auch im Aussehen anpassen.

Die Vegetation wurde mehr und mehr zur Steppe, der Boden härter. Also wurde das Urpferd größer, bekam einen längeren Hals, der in der Steppe eine weitere Rundumsicht ermöglichte, und die Zehen formten sich zu einem Laufhuf, der ein schnelleres Vorankommen auf festem Boden ermöglichte. In Millionen von Jahren entwickelten sich verschiedene Pferdearten, einige waren »erfolgreich« und überlebten, andere starben aus. Dies war auch davon abhängig, wessen Beute sie waren und wie gut sie ausgerüstet waren, um den Angreifern entkommen zu können.

Unser heutiges Pferd, das sogenannte Equus, konnte nur deshalb bis heute überleben, weil es mit messerscharfen Sinnen ausgestattet ist: Es sieht sieben Bilder pro Sekunde mehr als der Mensch – das Wahrnehmen von Bewegungen wird sofort in einen Fluchtreflex umgewandelt, erst dann sehen sich die Pferde den vermeintlichen Angreifer genauer an.

*Vom Waldtier zum Steppentier und zurück? Wildpferde in British Columbia.*

Zum Unglück des Reiters stellt sich dann vielleicht heraus, dass es wieder einmal nur eine Tüte war, die vom Wind in die Luft gehoben wurde, oder ein Vogel, der plötzlich aus einem Busch aufflog. Auch der Geruchssinn der Pferde ist viel besser als der des Menschen. Unterhalb der Oberlippe befindet sich das Jacobsonsche Organ. Klappen Pferde die Oberlippe hoch, was als »Flehmen« bezeichnet wird, verstärken sie die Geruchsaufnahme und filtern verschiedene Informationen aus dem Geruch heraus, beispielsweise den Hormonstatus eines anderen Pferdes. Das ist besonders wichtig für Hengste, die wissen wollen, wann sie sich einer Stute nähern dürfen. Auch im Hören schlagen uns Pferde um Längen. Sie können in einem Frequenzbereich Geräusche wahrnehmen, der weit unterhalb sowie oberhalb des menschlichen Bereiches liegt, also vom Infraschallbereich bis zum Ultraschallbereich.

Bei meinen Wildpferdebeobachtungen in der kanadischen Wildnis konnte ich oft feststellen, dass sich die Pferde an bestimmten Orten zu bestimmten Uhrzeiten an Treffpunkten sammelten oder sich weit verstreute Herdenmitglieder wieder zu ihrer Herde gesellten. Meine Vermutung ist, dass sie sich, vielleicht ähnlich wie Giraffen, durch Infraschall verständigen können. Wir müssen uns vergegenwärtigen, dass nur weil wir etwas nicht hören, es trotzdem vorhanden sein kann. Das alles müssen wir bei unserem nächsten Ausritt bedenken, wenn wir wieder der Meinung sind: »Warum spinnt der denn so, da ist doch gar nichts zu sehen.«

Bis heute haben sich diese guten Sinne gehalten und der Instinkt der Pferde macht uns Reitern oft das Leben schwer. Aber wenn wir um diese Umstände wissen, verstehen wir unser Pferd auch bes-

*Pferde sehen mehr Bilder pro Sekunde als der Mensch und können perfekt Silhouetten erkennen.*

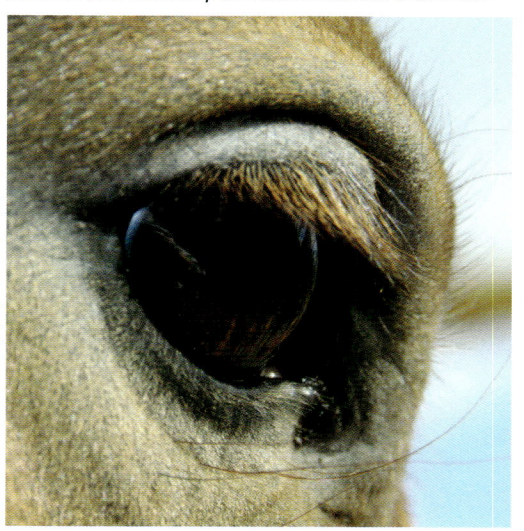

*Ihre Hörfrequenz liegt weit unter und über der menschlichen.*

ser und können darauf Rücksicht nehmen und seine Reaktionen besser einordnen.

Mich macht es immer sehr betroffen, wenn Pferdebesitzer »enttäuscht« von ihrem Pferd sind. Diese Enttäuschung kann aus einer Erwartungshaltung heraus entstehen, der wenig Verständnis für die Bedürfnisse eines Pferdes zugrunde liegt. Pferde sind von Natur aus weder böse noch hinterlistig oder faul. Sie können jedoch bissig oder scheu werden. Sie können austreten, wenn sie sich angegriffen fühlen. Diese Verhaltensweisen sind in ihrem Repertoire vorhanden – zur Feindvermeidung. Ein guter Pferdeflüsterer erklärt das Verhalten seines Pferdes nach dieser Grundlage und stülpt ihm nicht etwa menschliche Attribute wie Sturheit oder Ähnliches über.

## Pferdeverhalten

Um Pferdeverhalten genau analysieren zu können, ist es besonders wichtig, dass man zwischen drei großen Gruppen unterscheiden kann. Die erste Gruppe umfasst das Normalverhalten, also ein Verhalten, das Pferde in freier Wildbahn zeigen. Zur zweiten Gruppe zählen Verhaltensstörungen und zur dritten unerwünschtes Verhalten. Um genau zu verstehen, was die Bedeutung der Wörter beinhaltet, sehen wir uns einmal die Beispiele hierzu an: Verhaltensstörungen, sogenannte Stereotypen, sind zum Beispiel:

■ Koppen, Weben, Boxenlaufen, stereotypes (andauerndes) Schlagen gegen Boxenwände, exzessives Scharren, Benagen von Holz, Barrenwetzen, stereotypes Kopfschlagen, gesteigerte Aggressivität im Sozialverhalten

Unerwünschtes Verhalten im Umgang und Haltung:

■ Beißen, Ausschlagen, Probleme beim Hufschmied, Verladeprobleme, Nicht-Einfangen-

*Wildpferde in ihrer natürlichen Umgebung (hier in Kanada).*

Lassen, Nicht-Anbinden-Lassen, Nicht-Führen-Lassen

Unerwünschtes Verhalten unterm Sattel:

■ Scheuen, Durchgehen, Kleben, Steigen, Bocken, Sattelzwang, Abstreifen des Reiters, Startboxverweigerung auf der Rennbahn, Hinlegen unter dem Reiter

## Wie unterscheidet man Verhaltensstörungen?

Früher bezeichnete man alle Formen von Verhaltensauffälligkeiten beim Pferd als Untugenden. Dieser Begriff wird auch heute noch oft verwendet. Er ist jedoch grundlegend falsch und impliziert, dass das Pferd an diesem Verhalten selbst schuld ist: »Das Pferd hat eine Untugend.« Heute weiß man, dass ein Großteil dieser Verhaltensweisen auf Fehler, die vom Menschen bezüglich Haltung und Umgang gemacht werden, zurückzuführen ist. Man sollte deshalb die Bezeichnung Untugend durch angemessene Begriffe wie Verhaltensstörung und unerwünschtes Verhalten ersetzen.

Unterschiedliche Faktoren und Ursachen oder auch psychische und physiologische Auswirkungen können zu Verhaltensstörungen führen.

Während viele Verhaltensstörungen trotz Beseitigung der Mängel bestehen bleiben, gibt es für unerwünschte Verhaltensweisen bessere Heilungsaussichten. Sie lassen sich bei fachgerechter Korrektur heilen. Verhaltensstörungen zeigen sich übrigens ausschließlich in domestizierter Haltung oder, wie ich in Boxenställen auch provokant sage, »Verhaltensstörungen zeigen sich nur in Gefangenschaft.«
Die Verhaltensstörung ist ein Verhalten, das in Hinblick auf Art und Weise, Stärke und Häufigkeit erheblich und andauernd vom Normalverhalten abweicht. Darunter fallen fünf verschiedene Kategorien von Verhaltensstörungen:

- A – Symptomatische Verhaltensstörungen
- B – Organisch bedingte Verhaltensstörungen
- C – Domestikationsbedingte Verhaltensstörungen
- D – Mangelbedingte Verhaltensstörungen
- E – Haltungs- und umgangsbedingte Verhaltensstörungen

Größte Bedeutung haben die Verhaltensstörungen der Kategorie E. Es sind die sogenannten reaktiven Verhaltensstörungen, die durch schlechte, also nicht artgerechte, Haltungsbedingungen und durch nicht

*Ungestörtes Ruhen ist besonders für die Kleinen wichtig.*

tiergerechten Umgang hervorgerufen werden. Ein gestörtes Verhalten, das ein Pferd wegen Infektionen, Verletzungen, Veränderungen des Nervensystems und bei Mangelerscheinungen zeigt, ist vom Tierarzt zu diagnostizieren und entsprechend zu behandeln. Erst wenn Verhaltensstörungen der Kategorie A–D auszuschließen sind, kann von einer haltungs- und umgangsbedingten Verhaltensstörung gesprochen werden. Dann kann ein Pferdeverhaltenstherapeut hinzugezogen werden, jedoch sollte man sich die Qualifikation des Trainers genau ansehen. Leider tummeln sich in diesem Gebiet viele herum, die glauben, sie könnten ein verhaltensgestörtes Pferd heilen, nur weil sie auf einen Zufallserfolg zurückblicken können. Als Pferdeverhaltenstherapeut ist es besonders wichtig, ganzheitlich zu arbeiten, also Haltung, Fütterung, Training und Umgang durch den Besitzer in die Diagnose einzubeziehen. Man darf nicht nur isoliert an einem Problem herumdoktorn.

Man kann sagen, dass die Mehrzahl aller Pferde unter umgangsbedingten Verhaltensstörungen leidet. Sie werden bestimmten Funktionskreisen zugeordnet: so zählt zum Beispiel das Koppen, das Zungenspiel und das stereotype Belecken von Gegenständen zum Funktionskreis Fressverhalten. Diese Verhaltensstörung bezieht sich ausschließlich auf die Ausführung und nicht auf die Entstehung der Verhaltensweise. Erst wenn man das Tier ganz genau beobachtet, kann man erkennen, ob eine eigenständige Verhaltensstörung oder ein unerwünschtes Verhalten vorliegt. Ein wichtiges Unterscheidungsmerkmal ist dabei das gleichförmig ablaufende Merkmal, die Stereotypie. Verhaltensstörungen laufen über einen längeren Zeitraum immer gleich ab, das Verhaltensmuster wiederholt sich über einen längeren Zeitraum. Das ist bei unerwünschtem Verhalten nicht der Fall. Hinzu kommt,

dass nicht jedes Verhalten, das vom Normalverhalten abweicht, zwangsläufig eine Verhaltensstörung sein muss. Abnormales Verhalten kann in einer bestimmten Umwelt zweckmäßig sein und eine erfolgreiche Anpassung an die veränderten Lebensbedingungen unter menschlicher Obhut darstellen. So kann man auch einige vermeintliche Verhaltensstörungen als eine Art »Anpassungsstrategie« ansehen. Bei der Durchführung bestimmter Verhaltensstörungen kommt es zu einem Erregungsabbau oder zu einer Filterung gegenüber Außenreizen. Der Organismus versucht, sich an nicht artgerechte Situationen anzupassen. Dieses wird als Coping (engl.) bezeichnet. Durch die ständige Wiederholung von Handlungen kommt es zu einer Endorphin-Ausschüttung im Hirn, die ein ähnliches Wohlgefühl verströmt wie beim Genuss von Schokolade – ein Mechanismus, der unzulängliche Lebensbedingungen erträglicher macht, ähnlich dem »Hospitalismus« bei Kindern.

## Ursachen von Verhaltensstörungen

Ursachen sind negativ einschneidende Ereignisse im Pferdeleben. Hier haben Verhaltensstörungen ihren Ursprung. Eine große Gefahr für die soziale Fehlentwicklung ist, wenn ein Fohlen nur mit der Mutter ohne weitere Artgenossen aufgezogen wird. Weiterhin weiß man inzwischen, dass zu frühes oder plötzliches Absetzen von der Mutterstute, abrupter Trainingsbeginn, zu harte Ausbildungsmethoden, psychische und physische Überforderung im Training, krankheitsbedingte Boxenruhe verbunden mit sozialer Isolation und negativer Stallwechsel Faktoren sind, die zu Verhaltensstörungen führen können.

Nicht jedes Tier reagiert bei den genannten Punkten mit einer Verhaltensstörung. Es sind noch weitere Ursachen von Bedeutung, aber an erster Stelle ste-

*Gras muss mit in der Rationsberechnung berücksichtigt werden.*

## Was ist Normalverhalten?

### Fressverhalten

In freier Wildbahn nehmen Pferde etwa 14–18 Stunden am Tag Futter auf. Dabei gehen sie im Schritt mit gesenktem Kopf und wählen bestimmte Gräser aus. Pferde müssen dauernd Fressen, da ihr Verdauungssystem darauf ausgerichtet ist. Sie haben keine Gallenblase, diese Arbeit übernimmt quasi die Bauchspeicheldrüse, aus ihr tropft unentwegt Verdauungssaft in den Magen. Befindet sich im Magen keine Nahrung in Form von Raufutter (Heu), beginnt er sich quasi selbst zu verdauen oder es entstehen Magengeschwüre. Im Magen befindet sich normalerweise Salzsäure, die das ankommende Futter »desinfiziert«. Kommt kein Futter an, scheuert die Salzsäure an den Magenwänden. In den meisten Fällen werden Pferde rationiert gefüttert, wobei ein Großteil des Raufutters durch Kraftfutter ersetzt wird. Die Folge ist, dass Pferde mit strohloser Haltung und rationierter Heuzuteilung statt durchschnittlich 15 nur etwa 4–5 Stunden Nahrung aufnehmen können. Somit wird das Fress-, Kau- und Beschäftigungsbedürfnis nicht befriedigt. Die übrige Zeit muss das Pferd in der Box ohne Sozialkontakt und ohne fressen zu können vor sich hindämmern. Was aussehen mag wie gemütliches Dösen ist meist ein nach innen gekehrtes »abschalten«!

### Bewegungsverhalten

Pferde bewegen sich unter natürlichen Bedingungen täglich bis zu 20 Stunden grasend im Schritt vorwärts. Die kanadischen Wildpferde, die ich beobachten konnte, hatten einen beeindruckenden Aktionsradius von rund 30 km pro Tag. Dabei waren sie sehr standorttreu, sie zogen immer in einem bestimmten Gebiet umher. Dies gibt ihnen natürlich Sicherheit. Sie wussten genau, wo Wasser zu finden ist und zu welcher Tageszeit es sich am

hen hier die Mängel in der Haltung. Viel zu oft machen wir es uns bequem und nehmen einen schlechten Pensions-Stall in Kauf, nur weil wir vielleicht unser Pferd dort billiger einstellen können oder der Weg dorthin nicht so weit ist. Dabei lassen wir ganz außer Acht, dass unser Pferd dort vielleicht 24 Stunden am Tag in nicht-artgerechter Haltung stehen muss.

*Pferde in freier Wildbahn ziehen bis zu 50 km pro Tag im Schritt herum.*

besten wo aushalten lässt – zur Mittagszeit im Sommer stehen sie gerne im dichten Wald und zur Mittagszeit im Winter suchen sie gerne eine große Freifläche auf, da dort die Sonne am wärmsten ist. Über Tag und Nacht konnte ich aber beobachten, dass sie sich nie länger als 2–4 Stunden am gleichen Platz aufhielten. Danach wurden wieder die nächsten Kilometer zurückgelegt, ein natürlicher Mechanismus gegen Verwurmung. Alle Kothaufen, die ich untersuchte, waren mit keinem einzigen sichtbaren Wurm bestückt. Eine ganztägige Stallhaltung in Boxen steht im drastischen Gegensatz dazu. Nicht selten verbringt ein Pferd 23 Stunden im Stehen in der Box. Bewegungsmangel ist maßgeblich an der Entstehung von Verhaltensstörungen sowie an den pferdischen Zivilisationskrankheiten wie Husten durch zu warme Haltung und dicke Beine durch zu wenig Bewegung beteiligt.

## Sozialverhalten

Pferde sind Herdentiere und haben das angeborene Bedürfnis, mit Artgenossen im Sozialverband zusammenzuleben. Sie brauchen das, um sich sicher und wohl zu fühlen. In einer Herde gibt es viele verschiedene Aufgaben, die je nach Temperament und Charakter der Tiere individuell bestückt werden – von der Leitstute über den Kundschafter, die Verteidiger (meist 4–5 junge Hengste), Fohlen-Ammen bis zum Leithengst.

In den meisten Ställen mit Einzelhaltung und Boxen mit Trennwänden ist der Sozialkontakt sehr stark eingeschränkt oder gar nicht möglich. Besteht dabei keine Möglichkeit zum gemeinsamen Koppel- oder Weidegang, wird das Bedürfnis nach Sozialkontakt nicht einmal annähernd befriedigt. Es kommt zu erheblichen Unverträglichkeiten untereinander, da

*Pferde dösen gerne mit anderen zusammen.*

in der kurzen Zeit des Aufeinandertreffens – an der Boxentür, am Putzplatz oder in der Halle – die Rangstrukturen immer wieder neu festgelegt werden müssen.

### Neugierde und Feindvermeidungsverhalten

Ständige Wachsamkeit hat der Spezies Pferd das Überleben bis heute garantiert. Als Fluchttiere sind sie ständig bereit, Umweltreize aufzunehmen und schnell zu reagieren. Sie müssen ihre Umgebung beobachten und einschätzen können. Die leider noch viel zu häufig praktizierte Einzelhaltung in geschlossenen Boxen führt zu Reizverarmung und Verhaltensstörungen.

Neben Haltungsmängeln sind auch Fehler im Umgang, in der Ausbildung und im Training mögliche Ursachen für die Entstehung von Störungen im Verhalten: An erster Stelle stehen physische wie psychische Überforderung, Unkenntnis über das Lernverhalten von Pferden sowie harte Umgangsmethoden. Solche Methoden stellen das Pferd vor unlösbare Konfliktsituationen und führen zu Dauerstress, der sich – verständlicherweise – in Widersetzlichkeiten zeigt.

## Wie beseitige ich Verhaltensstörungen?

Kurz anreißen möchte ich den Aspekt, dass viele Verhaltensstörungen trotz Beseitigung der ursprünglichen Mängel bestehen bleiben. Dennoch sind die wichtigsten Maßnahmen bei der Therapie von Verhaltensstörungen die Verbesserung von Fütterung, Haltung und Umgang. Koppen ist nicht ansteckend, bleibt aber in der Regel auch unter verbesserten Haltungsbedingungen bestehen. Webende Pferde zeigen ihre Stereotypie in einer bewegungsfördernden Haltung nicht mehr. Pferde, die bereits eine Verhaltensstörung haben, sollten – wie grundsätzlich alle Pferde – in ein pferdegerechtes Umfeld gebracht werden.

Sehen wir uns einmal an, was es inzwischen für innovative Ideen gibt, um eine Pferdehaltung so naturnah wie möglich zu gestalten – sogar für den kleinen Geldbeutel! Wer ein wenig begabt im Gestalten mit Holz ist und mobile Zaunpfähle mit Elektro-Litze zur Hand hat, der kann sogar in kurzer Zeit einen Boxenstall in ein Pferdeparadies umwandeln!

*Diese Pferde fühlen sich in der Offenstallgemein-schaft so wohl und sicher, dass sie flach liegen.*

*Ein luftiger Boxenstall mit Paddocks an jeder Box, tagsüber sind alle Pferde auf der Weide. So sollte es in den klassischen Ställen sein.*

## Pferde in ihren »Privat-Räumen«

Die Ständerhaltung ist inzwischen fast ganz abge-schafft, die Boxenhaltung zumindest in Box mit Paddock und ganztägigem Auslauf umgewandelt. Viele Pferdemenschen haben sich Gedanken ge-macht, wie man Pferde naturnah halten kann. Für mich ist es immer eine ganz besondere Heraus-forderung, durch einen geschlossenen Boxenstall zu gehen, weil ich dabei immer an die Wildpferde den-ken muss, die frei und ungebunden bis zu 50 Kilo-meter am Tag umherziehen. Wie schrecklich muss es für ein Pferd sein, 23 Stunden lang in einem Käfig eingepfercht zu sein, nur um uns Menschen für eine Stunde am Tag als Zeitvertreib zu dienen ... Wer wenig Zeit für sein Pferd hat, der sollte es zumindest in eine entsprechende Haltung geben, damit es die restliche Zeit, die wir nicht mit ihm verbringen, pfer-degerecht leben kann. Als besonders gute Systeme sind der Aktivstall und das Paddock Paradise zu nen-nen. Bei dem Aktivstall gibt es verschiedene Zonen.

*Artgerechte Pferdehaltung im Aktivstall.*

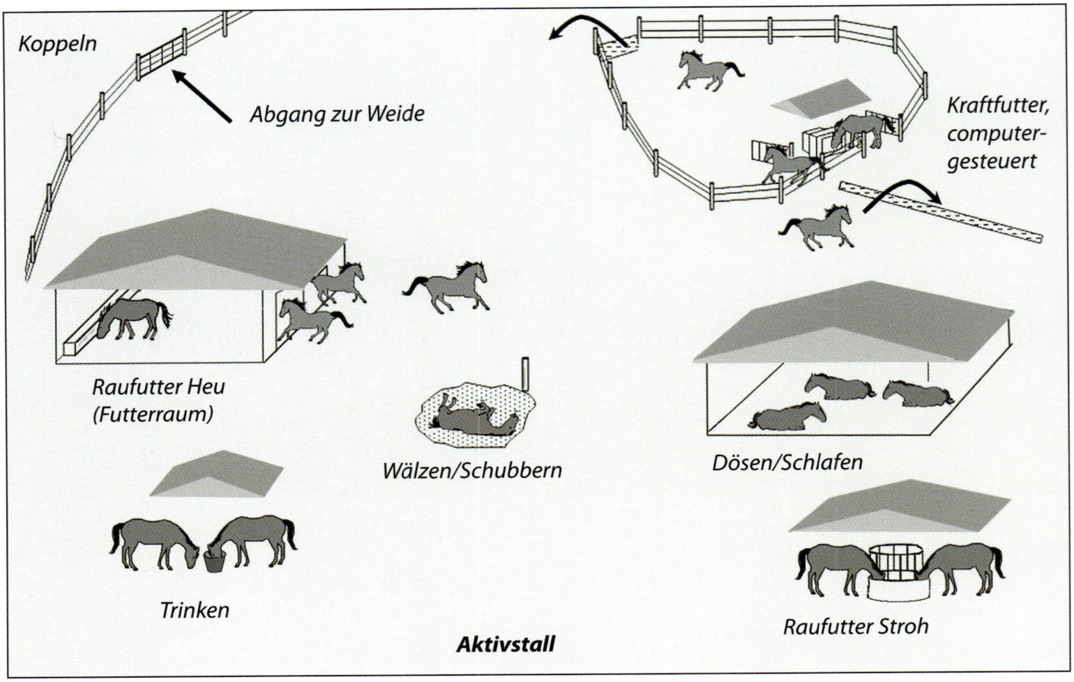

Koppeln

Abgang zur Weide

Kraftfutter, computer-gesteuert

Raufutter Heu (Futterraum)

Wälzen/Schubbern

Dösen/Schlafen

Trinken

**Aktivstall**

Raufutter Stroh

Die Bereiche sind in Fress-, Liege- und Ruhezonen unterteilt, zudem gibt es zusätzlich zur Weide Wälzplätze und Bewegungsflächen.

Eine andere Form, die aus Kanada stammende Idee des Paddock Paradise, beruht auf der Idee, dass es für gesunde Hufe unabdingbar ist, dass das Bewegungstier Pferd auch tatsächlich Bewegung hat. Zu oft wird alles bequem an einen Platz gestellt: Wasser, Heu und Liegeplatz werden an einem Fleck trotz großer Weidefläche angeboten. Anders ist dies beim Paddock Paradise, hier werden Wasser und Futter extra weit auseinander platziert und mit Wegen verbunden, so muss das Pferd am Tag mehrere Kilometer zurücklegen.

## Was sollte in den Trog?

Allein das Kapitel über Pferdefütterung könnte mehrere Bücher füllen. Ein Basis-Wissen sollte jedoch jeder haben, der sich mit einem Pferd beschäftigt. Wie wir schon im Kapitel über Verhaltensstörungen gelernt haben, ist es besonders wichtig, dass Pferde mit ausreichend Raufutter versorgt werden. Als Grundformel kann man sich merken, dass mindestens 1–1,5 kg Heu pro 100 kg Lebendgewicht des Pferdes an Heu verabreicht werden müssen. Die ausreichende Versorgung mit Heu und Mineralien können ganze Kraftfutterrationen einsparen! Wir haben es mehrfach in der »Europäischen Pferdeakademie« mit den Studenten durchgerechnet und dazu Feldversuche in verschiedenen Reitställen durchgeführt. Das Ergebnis war oft überraschend: Die meisten Pferdebesitzer fütterten zu

**Paddock Paradise**: *Größe 100 x 100 m*

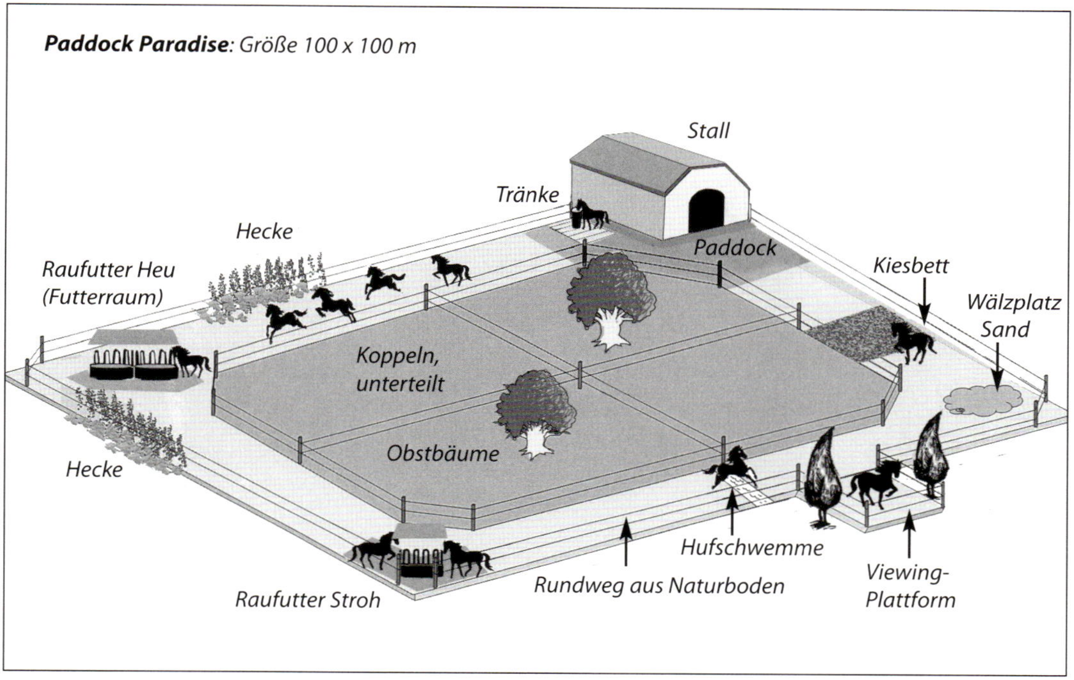

Stall

Tränke

Hecke

Paddock

Kiesbett

Raufutter Heu
(Futterraum)

Wälzplatz
Sand

Koppeln,
unterteilt

Obstbäume

Hecke

Hufschwemme

Raufutter Stroh

Rundweg aus Naturboden

Viewing-
Plattform

*Eine Heustation im Paddock Paradise.*

*Ein Heuhaus versorgt die Pferde rund um die Uhr mit Raufutter und ist arbeitsextensiv.*
*(Bezug: www.Pferdestudium.de)*

viel und falsch. Sie hätten monatlich mehrere hundert Euro einsparen können, wenn sie ihre Pferde richtig gefüttert hätten. Und darin sind noch nicht die ganzen Krankheiten, die durch falsche Fütterung entstehen, eingerechnet. Die meisten Pferde wurden eine Stunde am Tag bewegt oder sogar nur am Wochenende. Diese Tiere könnten durchaus im Erhaltungszustand gefüttert werden. Es werden in diesen Fällen keine Müsli- oder sonstige Rationen benötigt. Gutes Heu, Wasser, Mineralien, ein Saftfutter wie Gras und dazu ein paar Möhren würden ausreichen. Natürlich ist kein Pferd wie das andere und es gibt gute und schlechte Futterverwerter. Deshalb heißt es im Pferdejargon auch »Das Auge füttert immer mit«, es ist also ein ständiges beobachten nötig, wie das Pferd auf was reagiert. Wenn wir beispielsweise ein 500 kg schweres Pferd haben, müssten wir ihm rein rechnerisch 5 kg Heu

pro Tag zur Verfügung stellen – dies wäre die Grundration. Weitere zehn Prozent kann man im Winter dazurechnen. Das Pferd stellt durch Heu Energie her, um sich zu wärmen – vereinfacht erklärt. Deshalb ist es auch wichtig, dass Pferde nie länger als fünf Stunden ohne Raufutter auskommen müssen. Wie kann man dies nun erreichen, um nicht ständig im Stall sein zu müssen? Zum Beispiel indem man ein Heuhaus aufstellt und ins Paddock Paradise integriert.

Wer es etwas technischer mag, legt den Ballen in eine computergesteuerte Futteranlage. Hier hat jedes Pferd einen Chip und der Schieber für die Heuzufuhr ist entsprechend der Berechtigungszeit für jedes Pferd eingestellt. Davon abgesehen würden sich Pferde nie an Heu überfressen. Bei entsprechendem Training entsteht auch kein gefürchteter

*Selbst beim Dösen sind die Ohren immer auf Empfang.*

»Heubauch« und, nebenbei bemerkt, sind schließlich auch nicht alle Männer mit einem Sixpack ausgestattet.

Pferdefütterung muss, auf den Punkt gebracht, bedarfsgerecht sein. Das bedeutet, dass Pferde, die viel arbeiten, also 2–3 Stunden pro Tag geritten und trainiert werden, acht Stunden am Tag im Wald Zugarbeit leisten, vor dem Kremser laufen oder traditionell arbeiten wie in den USA, Kanada, Spanien und Frankreich, entsprechend mehr gefüttert werden müssen, um den Energiebedarf einzuholen. Es gibt Tabellen, die Auskunft über die Futterwerte und Bedarfswerte der Pferde in den entsprechenden Arbeitseinheiten geben. Es dürfte also eigentlich gar keine Diskussionen über falsche und richtige Fütterung geben. Aber leider können nur die wenigsten eine Ration damit berechnen, weil sie es nie

gelernt haben oder noch nicht einmal von deren Existenz wissen. Wer keine Tabelle hat, kann inzwischen auch das Internet nutzen oder sich ein Berechnungsprogramm als Software kaufen und somit die optimale Wochenration für sein Pferd individuell zusammenstellen.

## Einführung in das Pferdetraining

Das sollten Sie im Umgang mit Ihrem Pferd beachten:
- Das Pferd hat eine andere Wahrnehmung als der Mensch.
- Riechen, hören und sehen kann das Pferd in weiterer Bandbreite als der Mensch.
- Pferde müssen Gegenstände von beiden Seiten betrachten. (Aufbau des Gehirns: linkes Auge, rechte Hirnhälfte – rechtes Auge, linke Hirnhälfte. Jede Seite sieht für sich. Fluchtrichtung und Feind können mit zwei Augen erfasst werden.)
- Pferde haben ein gutes Gedächtnis. Erfahrungen (positive wie negative) werden abgespeichert, dabei sind Überlagerungen (Umlernen) möglich.
- Pferde spüren, wenn Menschen Angst haben – durch »abscannen« der Körpersilhouette und Wahrnehmung der typischen Stressbotenstoffe (Adrenalin).
- Pferde reagieren empfindlich auf Berührungen. Ein fester Druck ist nicht nötig, um ein Pferd in eine bestimmte Richtung zu manövrieren.
- Bei Pferden erzeugt Druck Gegendruck. Das ist wichtig für alles, was man einem Pferd beibringt: Es wird sich immer gegen den Druck stellen, der aufgebaut wird. Es muss lernen, wie es sich davon befreien kann (z. B. beim Druckhalfter: Druckaufbau – Schritt nach vorne = lösen des Drucks).
- Pferde wollen dem Menschen »gefallen«. Das hochsoziale Tier hat einen triftigen Grund, wenn es

sich widersetzt. Finden Sie den Grund heraus, anstatt es zu strafen.

■ Ein Pferd hat andere Maßstäbe, Sturheit gibt es nicht! Für Pferde zählt der Wille, sich zu vermehren (Herde) und zu überleben (Sicherheit, Fressen, Trinken). Deshalb wissen Pferdeflüsterer, dass es keine sturen Pferde gibt.

■ Pferde lesen unsere Körpersprache und wir können ihre lesen. Im täglichen Miteinander erkennen wir an unseren Pferden, dass es mehr gibt als »Ohren nach vorne = gut gelaunt« und »Ohren nach hinten = schlecht gelaunt«. Untereinander verständigen sich Pferde unter anderem durch Körpersprache und Position im Raum.

■ Wer kürzer mit seinem Pferd arbeitet, hat länger etwas davon. Das Ziel sollte immer sein, die freiwillige Mitarbeit des Pferdes zu fördern: Planen Sie kurze Trainingseinheiten, die mit einer geglückten Übung und einem Lob enden. Wer sich vor dem Training einen Plan macht, erscheint als »planvoll« (Wo bin ich? Wo will ich hin?). Sie sollten allerdings jederzeit bereit sein, diesen Plan umzustoßen und sich auf die Verfassung Ihres Pferdes einzustellen.

*Ganz entspannt sollte das Training sein.*

## Kleines Nachschlagewerk »Pferdeverhalten«

### Wie beseitige ich ein Problem?

In der Praxis ist es so, dass inzwischen zu den häufigsten Problemen beim Pferd aggressive Verhaltensweisen wie das Durchgehen, Beißen, Bocken oder Nicht-Verladen-Lassen gehören. Dazu kommen die Stereotypien wie das Weben, Koppen und Kopfschütteln. Bevor nach der eigentlichen Ursache einer Verhaltensstörung oder eines Verhaltensproblems gesucht wird, sollte man immer grundsätzliche Fragen klären wie:

■ Liegt ein medizinischer Grund dafür vor?

■ Welches Verhalten ist auf genetische und welches auf erlernte Komponenten zurückzuführen?

■ Spielen Erregung oder Angst eine Rolle?

Eine weitere wichtige Frage für den Pferdeverhaltenstherapeuten ist:

Erzählt mir das Pferd seine Geschichte selbst und konzentriere ich mich darauf oder glaube ich den subjektiven Betrachtungen des Pferdebesitzers? Erst dann kann die Therapie erfolgen, bei der in den meisten Fällen die »Lerntheorie« zur Anwendung gelangt: Pferde sind genetisch programmiert, soziale Tiere zu sein. Sie haben ein Bedürfnis nach Freundschaft und die Fähigkeit, diese zu halten. Machen wir uns dieses Wissen im positiven Sinne

*Ein wacher Blick – keine Spur von Verhaltensstörung.*

zunutze, indem wir die Bedürfnisse des Pferd respektieren.

## Wie lernen Pferde?

Pferde lernen schnell – Erwünschtes leider ebenso wie Unerwünschtes. Es ist demzufolge sehr wichtig, dass zwischen Ausführung und Reaktion oder Belohnung nicht mehr als drei Sekunden Zeit verstreichen dürfen, wenn man einem Pferd etwas beibringt.

### Lernen durch Prägung

Die Prägung stellt eine Sonderform des Lernens dar. Sie findet nur in einem festgelegten Zeitraum, der sogenannten sensiblen oder kritischen Phase, statt und führt zu weitgehend unveränderbaren Verhalten. Zur Prägung gehören:

- die Objektprägung,
- die sexuelle Prägung,
- die Futterprägung.

Bei der so wichtigen Objektprägung lernt das Fohlen kurz nach seiner Geburt, zu welcher Art es gehört und wie es seine Mutter über visuelle, akustische und geruchliche Sinneseindrücke wiedererkennt.

### Lernen durch Stimmungsübertragung

In einer Pferdeherde ist die Nutzung der Stimmungsübertragung besonders wichtig: Wenn alle Pferde grasen und ein Pferd den Kopf hebt, weil sich z. B. etwas Verdächtiges nähert, nehmen das die anderen Pferde wahr und werden ebenfalls aufmerksam. Die ganze Herde ist sofort in Fluchtbereitschaft versetzt.

### Lernen durch Gewöhnung

Durch häufiges Wiederholen einer Situation gewöhnen sich Pferde an viele Sachen. Lkws, Plastiktüten und aufgespannte Regenschirme sind nach kurzer Gewöhnung kein Problem mehr. Grundvoraussetzung ist jedoch, dass während dieser Gewöhnungsphase kein negativer Reiz eintritt. Als Beispiel: Das Pferd darf nicht geschlagen werden, wenn es sich vor einer Tüte erschrickt. Am besten führt man eine Gewöhnung in einem umfriedeten Areal durch, wo das Pferd seinem ersten Drang zu flüchten folgen kann.

### Lernen durch klassische Konditionierung

Die Kombination von zwei Reizen, die ein Ereignis erahnen lassen, wäre die vereinfachte Erklärung für die klassische Konditionierung. Wir alle wissen, dass bereits das Schieben des Futterwagens in einer rei-

*Dass Pferde Fluchttiere sind, macht uns Reitern manchmal das Leben schwer.*

nen Boxenhaltung Pferde dazu veranlassen kann, gegen die Türen zu treten. Allein der Futterwagen reicht also aus, um die Verbindung herzustellen, das bald Futter ausgegeben wird. Dies können wir im täglichen Training mit den Pferden natürlich auch nutzen und einbinden.

### Lernen durch operante Konditionierung

Das Lernen durch Versuch und Irrtum oder durch Ausprobieren bis zum Erfolg ist sicher eine der wichtigsten Lernmethoden für Pferde, aber auch für Menschen. Durch erfolgreiches Ausprobieren wird eine Verbesserung der eigenen Situation hergestellt, was die Belohnung und somit den Lernerfolg garantiert.

### Warum sind Pferde Fluchttiere?

Die Flucht ist die natürliche Verteidigung eines Pferdes. Ein fliehendes Pferd hat Angst. Es dafür zu bestrafen wäre völlig falsch. Nur wenn keine andere Möglichkeit mehr besteht, wendet sich ein Pferd der Gefahr zu und verteidigt sich durch ausschlagen, beißen oder steigen. Die Flucht ist die erste Reaktion auf Angst, Schreck, Stress oder Bedrohung.

### Warum erzeugt Boxenhaltung ohne Außenreize scheue Pferde?

Reizverarmung hat zur Folge, dass jedes noch so unwichtige Ereignis im monotonen Tagesablauf eine überdimensionierte Bedeutung für das Pferd erhält. Kleinste Reize werden sofort in Flucht oder sonstige Schreckreaktionen umgewandelt. Deshalb ist es wichtig, Pferden Sozialkontakt und die Wahrnehmung von Außenreizen zu ermöglichen.

## Wie versteht uns ein Pferd?

Pferde verständigen sich untereinander durch Körpersprache. Sie mustern auch uns und wissen, wie es um unsere Stimmung steht, lange bevor wir ihnen erklärt haben, welcher Laune wir gerade sind. Sie sind durch ihr feines Riechorgan auch in der Lage, den Duft von Hormonen (z. B. Stresshormonen) von unserem Körper in Informationen umzuwandeln. Zusätzlich haben wir im Training bereits Stimmhilfen angewandt, die das Pferd erlernt hat. Je gleichmütiger, gleichmäßiger und konsequenter wir all dies anwenden, desto besser kann uns ein Pferd verstehen.

## Wie lange kann sich ein Pferd konzentrieren?

Voraussetzung für jeden Lernerfolg ist die Konzentration, die jedoch nicht unbeschränkt möglich ist. Nach einer gewissen Zeit setzt Ermüdung ein. Erfahrungsgemäß können sich junge Pferd maximal 8–10 Minuten, erwachsene Pferde maximal bis zu 20 Minuten konzentrieren. Aufwärmung oder das Zeigen von bereits Erlerntem ist Gewöhnung und zählt nicht dazu. Jede Einheit sollte mit einer Entspannungsphase enden, um die Motivation für die nächste Einheit zu erhalten.

*Sozialkontakt und freier Auslauf (hier im Offenstall) machen Pferde gelassen.*

# 2 Aufbauebene: Bodenarbeit

# 2. Aufbauebene: Bodenarbeit

## Ausrüstung für Mensch und Pferd

Da ich ein Freund des Minimalismus bin, halte ich nichts davon, bestimmte Empfehlungen bezüglich dieses oder jenes farbigen Stöckchens zu geben, dass man »unbedingt« zur Bodenarbeit haben muss. Es gibt auf jeden Fall ein paar sinnvolle Hilfsmittel – diese kann sich jedoch jeder selbst basteln oder sie sind eventuell sowieso bereits im Stall vorhanden. Zur Grundausrüstung für die Bodenarbeit gehören für den Menschen unbedingt Sicherheitsschuhe mit Stahlkappen. Es ist sehr schmerzhaft, wenn einem das Pferd versehentlich auf den Fuß steigt oder sich vor einem Hindernis erschreckt. Handschuhe sollten auch nicht fehlen, denn wenn wir später zu den Übungen zum Verladen kommen, kann es oft passieren, dass das Pferd schnell nach hinten ausweicht und wir mit der Longe nachgeben müssen. Damit wir die Longe schnell durch die Hände gleiten lassen können, müssen wir diese unbedingt schützen! Zur weiteren Ausrüstung gehört die bereits angesprochene Longe oder ein langes Bodenarbeits-Seil. Stricke sind aufgrund ihrer Kürze und Dicke nicht so gut geeignet. Gerten verwende ich nur in Verbindung mit der klassischen Handarbeit als Impulsgeber, bei der sonstigen Bodenarbeit höchstens im Round Pen bei Pferden, die nur schwer vorwärts zu motivieren sind.

*Achten Sie auf das richtige Verknoten des Halfters.*

Das Pferd sollte mit einem Druckhalfter ausgerüstet sein – das ist ein Halfter, das einen zweiten Nasenriemen mit direktem Kontakt zur Führleine hat. Es gibt sie von verschiedenen Herstellern. Hierbei muss man jedoch auf die Qualität achten, die meisten Druckhalfter sind dreifach vernäht und haben einen Sicherheitsring, der zu enges schnüren verhindert. Man darf niemals an den Trainingsringen anbinden!

Ausbinder haben in der Bodenarbeit nichts zu suchen. Das Training soll ja auch eine vertrauensfördernde Arbeit sein, die meiner Meinung nach auf Motivation, Freundschaft und Respekt beruht. Wie kann ich ein Lebewesen zu freudiger Arbeit motivieren, wenn es mit Stoßzügeln, Ausbindern oder Gogue verschnallt ist? Der Trainer muss bei jedem Problem herausfinden, mit welchen Übungen es am besten zur Losgelassenheit und positiver muskulärer Anspannung kommt – und das so frei und unverschnallt wie möglich. Als Beispiel: Habe ich ein Pferd, das vorwärts stürmt und sich schlecht führen lässt, ist es unsinnig, ein schärferes Gebiss einzuschnallen, um es damit bremsen zu wollen. Ich muss an den Grundlagen der Führarbeit arbeiten, am besten mit einem Druckhalfter. Das geht nur in kleinen Schritten. Ja, auch Pferdeflüstern bedeutet Arbeit und mühsames Training, damit es später wie von Zauberhand aussieht!

## Führen und Führtraining

Die Frage, wer wen in welcher Position führt, lässt unter Reitern bisweilen ganze Glaubenskriege ausbrechen. Die einen schwören auf die klassische Position: der Reiter geht auf Höhe der Pferdeschulter. Die anderen schwören, dies sei die untergeordnete Position, die das Fohlen einnimmt und es wäre nur möglich, in der Dominanzposition zu führen, in der der Reiter vor dem Pferd geht. Sehen wir

*Wer bewegt wen?* **Die** *Frage in der Positionsarbeit.*

### Wichtig!

*Derjenige, der Richtung und Geschwindigkeit vorgibt, ist derjenige, der führt.*

uns eine Pferdeherde lang genug an, so werden wir feststellen, dass die Leitstute oft die Position wechselt. Sie ist einmal vor, dann neben oder auch hinter der Herde – und wir können daraus lernen, dass es völlig egal ist, wo wir uns befinden, solange es keine Diskussion darüber gibt, wer führt.

# Wie absolviere ich auch mit schwierigen Pferden eine gute Führarbeit?

*Harmonie ist die Basis einer vertrauensvollen Pferd-Mensch-Beziehung.*

Das bedeutet auch, dass jedes Pferd individuell zu behandeln ist. Bei dem einen Pferd mag es kein Problem sein, vorzugehen, während man bei einem anderen Pferd besser die Pferdekopf-an-Menschenschulter-Position einnimmt, bis vielleicht verschiedene »Nachfragen« des Pferdes geklärt sind. Bodenarbeit und Führen betrachte ich immer als den Grundstein der Zusammenarbeit zwischen Mensch/Reiter und Pferd. Schön, wenn man eine S-Dressur vorreiten kann. Es ist jedoch schade, wenn derjenige sein Pferd nicht einmal vom Stall zur Weide führen kann, weil sich das Pferd entweder losreißt oder es einen gleich über den Haufen rennt.

***Ein wichtiger Merksatz ist also:***
Bei Pferden führt derjenige, der Richtung und Geschwindigkeit vorgibt.

## Wie absolviere ich auch mit schwierigen Pferden eine gute Führarbeit?

Zunächst ist die Wahl der Ausrüstung von Bedeutung. Ich würde das Pferd immer mit einem Druckhalfter ausrüsten und mich für die Longe entscheiden, wobei die sichere Handhabung dieser natürlich Vorraussetzung ist. Das muss zuerst geübt werden, denn wenn ich ein schwieriges, tobendes Pferd neben mir habe, kann ich keine Zeit mit der mühsamen Aufdröselung einer verwickelten Longe verstreichen lassen. Das sind Situationen, in denen Pferde ganz schnell die Führung übernehmen und Richtung wie Geschwindigkeit vorgeben – das soll ja unser Part sein! Ob ich ein schwieriges Pferd habe oder nicht, weiß ich nur, wenn ich es kenne, also gehe ich immer vom »worst case« aus und wappne mich mit der entsprechenden Ausrüstung.

Nehmen wir uns kurz die Zeit und stellen ein paar Überlegungen zum Thema »schwieriges Pferd« an: Es ist sehr wichtig, dass sich ein Pferd führen lässt. Es muss uns als Führer akzeptieren, weil wir ihm Richtung und Geschwindigkeit vorgeben und es sich somit genauso sicher wie in der Pferdeherde fühlen kann. Dann folgt es uns! Sind wir unkonzentriert, reden mit anderen, rauchen oder telefonieren oder machen sogar alle drei Dinge auf einmal, verlässt uns das Pferd, weil es bemerkt, dass wir es nicht konzentriert führen. Konzentriertes Führen beinhaltet, Gefahren vorauszusehen und davor zu schützen. Es wäre gut, wenn man eine Speicherplatte mit dem Inhalt »Denken wie ein Pferd« hätte und diese vor jedem Zusammensein mit dem Pferd aktiviert werden könnte. Führarbeit ist der Grundstein einer erfolgreichen Pferd-Mensch-Beziehung. Sind wir mit einem Pferd zusammen, das sich nur schlecht führen lässt, müssen wir daran arbeiten, um ihm das Leben zu erleichtern. Anscheinend hat der Vorbesitzer darauf nicht so viel Wert gelegt oder ihm war der Wert einer guten Führarbeit nicht bewusst: Wenn sich mein Pferd vertrauensvoll in meine Hände begibt und gut führen lässt, habe ich später viel weniger Probleme, wenn ich z. B. im Wald absteigen muss, um eine schwierige Passage zu meistern oder beim Verladen in den Pferdehänger. Diese sind nur zwei Beispiele, weshalb uns eine gute Führarbeit im späteren Zusammensein die Dinge erleichtern kann.

Als zweiter wichtiger Faktor ist die Wahl des Trainingsortes zu nennen. Am besten geeignet ist ein umfriedeter Bereich wie eine Halle, ein Platz oder ein Round Pen. Wenn man dies nicht zur Hand hat, eignet sich allenfalls noch eine gut eingezäunte Weide, wobei hier jedoch das Gras ein großer Ablenkungsfaktor sein kann.

Gehen wir also vom Idealfall aus, dass ein sicherer, umfriedeter Bereich mit Sandboden (nicht zu tief und nicht zu hart) zur Verfügung steht. Nun können wir beginnen und das Pferd auf unsere Körpersprache trainieren. Dabei müssen wir geduldig vorgehen – wie ein Lehrer in der ersten Schulklasse. Schließlich wollen wir unseren Schüler, das Pferd, ja nicht verschrecken, sondern ihn zu freudiger Mitarbeit motivieren. Um Letzteres zu erreichen, muss nicht immer die Tasche voll mit Möhren oder Leckerlis sein. Das Ausruhen nach einer geistig anstrengenden Lektion oder ein Streicheln am Hals ist ebenso gut wie ein Pfund Möhren. Natürlich gibt es futtermotivierte Pferde, einige nennen sie auch verfressen, die durch die Motivation mit Futter schneller, einfacher und vielleicht sogar besser lernen.

*Auch auf dem Reitplatz ist eine leichte Hand gefragt.*

Jedoch sollte man sich immer der Gefahr bewusst sein, dass es auch Pferde gibt, die den Mensch dann nur noch als Leckerli-Spender ansehen und vielleicht zum Beißen und Schnappen neigen, wenn plötzlich nichts mehr dargereicht wird.

Beginnen wir nun mit der Führarbeit: Führposition könnte z. B. Pferdekopf-an-Menschenschulter sein. Bevor wir aber die ersten Schritte gehen, stellt sich noch die Frage, wer als erster losgehen darf – das Pferd oder der Mensch? Zentraler Punkt in der Positionsarbeit nach Michael Geitner ist, dass der Mensch seine Position behält und das Pferd durch eine Vorwärtsbewegung des Armes zum Antreten veranlasst wird. Nun widmen wir uns dem Tempo.

*Arbeiten Sie immer konzentriert im Round Pen.*

Gehen ist nicht gleich gehen. Ich kann schlendern oder zügig vorwärts gehen. Beide Varianten sollte man bei der Führarbeit abwechselnd anwenden, um das Pferd auf die eigene Körpersprache zu trainieren. Es soll lernen, sich auf uns zu konzentrieren und sich unserem Tempo anzupassen, nicht andersherum. In vielen Experimenten, in denen ich die Reiter ihre Pferde führen ließ, war nach wenigen Minuten zu sehen, wie das Pferd heimlich die Führung übernahm und das Tempo vorgab. Entweder wurde der Reiter mitgeschleift und versuchte zu bremsen, oder das Pferd ging so langsam, bis die Karawane irgendwann zum Stillstand kam. Wir erinnern uns: Derjenige, der Richtung und Geschwindigkeit vorgibt, ist derjenige, der führt!

## Feeling und Timing

Druck ist nicht gleich Druck – und so sollte man immer daran denken, dass es auch wie beim Reiten eine Nettikette gibt, wie man den Druck auf das Führhalfter steigert. Jeder Druck wird langsam gesteigert, sodass das Pferd jederzeit signalisieren kann: »Ok, ich verstehe, ich gebe nach.« Das kann es nicht, wenn unsensibel am Strick gerissen wird!
Dasselbe gilt für das Timing. Wenn ich nicht konzentriert und fokussiert arbeite, entgehen mir möglicherweise Details, die sich später rächen. Ich muss immer gut aufpassen und sofort reagieren. Wir müssen innerhalb von drei Sekunden auf die Reaktionen des Pferdes mit Belohnung oder »unangenehm-machen« reagieren.

*Auch das Führen an der Trense will gelernt sein.*

## Was mache ich, wenn das Pferd zu schnell wird?

In diesem Fall ändere ich meine Richtung um 90°, gebe ein wenig Longe und dem Pferd drei Sekunden Zeit, mir zu folgen. Tut es das nicht, gebe ich einen Impuls am Druckhalfter bis es wieder neben mir in der gewünschten Führposition steht. Das wiederhole ich so lange, bis das Pferd aufmerksam wird und mir direkt folgt. Dann lobe ich es.

## Wie lange sollte ich trainieren?

Grundsätzlich muss ich bedenken, dass diese Arbeit sehr anstrengend fürs Pferd ist, wenn es sie zum ersten Mal macht. Um es nicht zu eintönig zu halten, muss ich es mit anderen Übungen kombinieren wie z. B. dem Stillstehen, dem Seitwärtsgehen oder der Abfrage von 3,5 Tritten rückwärts. Ein Zeitrahmen von 10–15 Minuten sollte ausreichen, um das Pferd auf mich aufmerksam zu machen.

## Stehen und Gehen

Als nächstes teste ich, wie aufmerksam das Pferd mir gegenüber ist, wenn ich das Gehen mit dem Stehenbleiben kombiniere. Das funktioniert natürlich erst, wenn der erste Bewegungsdrang abgearbeitet ist. Wenn das Gehen in jede Richtung gut funktioniert, dann bleibe ich stehen. Kurz vor dem Stehenbleiben werde ich ein wenig langsamer, damit das Pferd erkennen kann, wann ich stehenbleibe. Bleibt es auch stehen, wird es gelobt, geht es weiter, erhält es einen Impuls auf das Druckhalfter. Dieser sollte stets angemessen und leicht steigernd im Druck sein. Völlig unangebracht ist es, zu reißen, zu schreien oder in Wut auszubrechen. Wir müssen immer bedenken: Das Pferd ist auch ein Schulmeister unseres Charakters! Je gleichmütiger und ausgeglichener wir ihm täglich gegenübertreten, desto ausgeglichener ist es auch uns gegenüber und seinen Stallkollegen und akzeptiert uns als Führer.

## Rückwärtstreten

Der nächste Punkt ist das Rückwärtstreten. Auch hier gibt es, wie in vielen Bereichen rund um das Pferd, verschiedene Meinungen und Auffassungen, wie ein richtiges Rückwärtstreten eingeleitet wird. Um es gleich vorwegzunehmen: Das Erste, was ich bei der Führarbeit beim Pferd-Mensch-Training korrigiere, ist das Schieben. Liebe Reiter, es hat keinen Zweck, 500 Kilogramm oder mehr an der Brust nach hinten schieben zu wollen. Jedes Pferd würde sagen »netter Versuch«, mehr nicht. Schieben ist auch gar nicht nötig, denn auch bei diesem Thema haben wir in vielen hundert Fällen demonstriert, dass man nur einen Tag Zeit benötigt, um gute Führarbeit zu etablieren. Selbst die »büffeligsten« Pferde gehen plötzlich auf einen Fingerwink nach hinten. Wir müssen eben ein Stück konzentrierter, hartnäckiger und akkurater an der Führarbeit tüfteln, damit es später aussieht wie »flüstern«.

Stehen wir neben dem Pferd, können wir es aus dieser Position nach hinten treten lassen oder wir kön-

*Ideen für die Bodenabeit gibt es genug!*

*Beim Rückwärtstreten darf der Druck auf die Führleine nur langsam gesteigert werden.*

eine Rückwärtsbewegung durch den ganzen Pferdekörper gehen. Passiert dies nicht, müssen wir den Impuls auf die Führleine erhöhen. Wichtig ist, dass wir den Druck langsam steigern, um auf das Rückwärtstreten sofort mit Nachgeben zu reagieren. Zusätzlich kombinieren wir dies mit dem Eindringen in den Individualbereich des Pferdes. In diesem Fall liegt er unterhalb der Brust zwischen den Vorderbeinen, wo wir unseren Fuß platzieren. Weicht das Pferd zurück, nehmen wir jeglichen Druck sofort weg und loben das Pferd. Diese Variante können wir drei- bis viermal wiederholen, bis das Rückwärtstreten gut funktioniert, danach versuchen wir das ganze aus der Führ-Position, also mit unserem Gesicht nach vorn. Funktioniert auch dies gut, nehmen wir ein Zeichen hinzu. Das kann z. B. ein erhobener Finger sein, der hin- und hergeschwenkt wird, oder irgendein anderes kleines Zeichen. So kombinieren wir die Aufforderung zum Rückwärtstreten und üben das, bis es nach einigen Wochen Training ausreicht, das nur der Fingerwink die Rückwärtsbewegung einleitet.

## Stillstehen

Eine weitere wichtige Übung die wir benötigen, um unsere Basisebene Boden zu beenden, ist das Stillstehen. Inzwischen sollte uns klar sein, dass wir nicht das Pferd aus seiner Behausung holen können, um dann sofort das Stillstehen zu üben. Zuerst wird das Pferd mit Führübungen aufgewärmt.

Ganz zappelige Tiere mit viel Bewegungsdrang können longiert werden. Ein Ritt durch das Gelände (z. B. bergauf) entspannt auch das noch so gestresste Pferdegemüt. Dann beginnen wir, die Führübungen mit Stillsteh-Übungen zu kombinieren. Wie beim Anhalten werden wir ein wenig langsamer in unserem Führtempo und halten dann an.

nen uns umdrehen, sodass wir auf die Hinterhand des Pferdes sehen. Beginnen wir mit letzterem: Wir haben uns umgedreht und sehen auf die Hinterhand des Pferdes. Nun geben wir einen kleinen Impuls auf die Longe oder den langen Führstrick. Dann beobachten wir, ob sich ein Bein regt. Es soll

*Schön, wenn Pferde selbst im Turniergetümmel stillstehen.*

Die ersten Stillsteh-Übungen sollten natürlich auch nicht auf grünem Gras stattfinden. Wir brauchen so wenig Ablenkung wie möglich, denn wir wollen ja das Pferd nach den geglückten Übungen loben, um es für die weitere Arbeit motiviert zu halten. Der Trick beim Stillstehen ist, dass er minütlich gesteigert wird. Auch diese Übung kann mit einem Handzeichen oder einem Stimm-Kommando kombiniert werden.

Wozu muss ein Pferd überhaupt stillstehen können? Es gibt Situationen, in denen es sich als äußerst sinnvoll erwiesen hat, dass ein Pferd stillstehen kann, z. B. wenn es sich in einem Draht oder einer Plane verfangen hat. Begibt sich das Pferd in einer solchen Situation vertrauensvoll in unsere Obhut, haben wir sehr viel erreicht.

*Kandaren gehören nur in Könnerhände.*

## Methoden der Bodenarbeit

Viele klassisch ausgebildete Reiter haben vielleicht außer dem Longieren nie Bodenarbeit betrieben. Hier möchte ich kurz ein paar Beispiele für Bodenarbeit beschreiben, die eine kleine Anregung geben können, wie wir den Trainingsalltag für unser Pferd verbessern können und zusätzlich durch die Bodenarbeit einen besseren Draht zu unserem Vierbeiner bekommen.

### Longieren

Das ist die vermutlich bekannteste Art, mit einem Pferd am Boden zu arbeiten. Sicherheitshalber wird dies in einem Longierzirkel oder Round Pen durchgeführt. Das Pferd ist mit dem Reiter durch eine sechs Meter lange Leine, der Longe, verbunden. Gearbeitet wird auf beiden Seiten (Händen) in verschiedenen Tempi (Schritt, Trab, Galopp sowie Übergänge von einer Gangart zur anderen).

### Doppellonge

Die Arbeit mit der Doppellonge erfordert ein wenig Übung, da hier das Pferd mit zwei Longen verbunden ist. Eine wunderbare Methode, um junge Pferde auf das Anreiten vorzubereiten, mit alten Pferden ohne Reitergewicht zu arbeiten oder Pferde auf das

*Die wohl bekannteste Form der Bodenarbeit ist das Longieren.*

*Loben Sie Ihr Pferd nach jeder Trainingseinheit.*

*Pferde mit Vertrauen zu ihren Reitern kommen freiwillig mit – auch ohne Halfter.*

Kutschfahren vorzubereiten. Neben dem klassischen Longieren auf dem Zirkel besteht mit der Doppellonge auch die Möglichkeit, das »Fahren vom Boden« aus zu trainieren. Nach eingehendem Training kann man sogar mit dem Pferd auf mehreren Hufschlägen arbeiten z. B. im Renvers oder Travers.

## Klassische Handarbeit

Diese Art der Bodenarbeit ist leider über längere Zeit in Vergessenheit geraten und fristet auch heute ein Schattendasein im Pferdetraining. Zu Unrecht, denn auch dies ist eine schöne Möglichkeit, mit dem Pferd ohne Reitergewicht konzentriert auf verschie-

*oben: Zirkuslektionen sind eine willkommene Abwechslung. unten: Freie Arbeit im Round Pen.*

*Klassische Handarbeit – eine schöne Abwechslung im Trainingsplan.*

denen Hufschlägen zu arbeiten. Bei der klassischen Handarbeit geht der Trainer neben dem Pferd auf Schulterhöhe und führt die Zügel in beiden Händen. Das Pferd ist mit einem Trensen-, Kandaren- oder Kappzaum versehen (je nach Ausbildungsstand des Pferdes). Zur Vorbereitung auf das Reiten kann auch ein Sattel aufgelegt werden.

### Langer Zügel

Die Arbeit am langen Zügel wird sicher fast jeder mit der spanischen Hofreitschule in Verbindung bringen – als eine elegante Art, die Lippizaner-Hengste vorzustellen. Bei diesem Training geht der Trainer hinter dem Pferd her. Der Abstand zum Pferd ist kürzer als bei der Doppellonge (Fahren vom Boden) und setzt großes Vertrauen zwischen Trainer und Pferd voraus, da sich der Trainer im Schlag-

bereich des Pferdes befindet. Diese Methode gehört mit der klassischen Handarbeit und den Pilaren zu den ältesten Methoden, Pferde vom Boden aus zu trainieren.

### Arbeit an den Pilaren

Dies ist ebenfalls eine ganz klassische Methode, ein Pferd sogar bis zu den Schulen über der Erde (Courbette und Levade) auszubilden. Sie gehört wie vieles rund um das Pferd nur in die Hände von Profis und ist absolut zeitlich begrenzt auszuführen, da hier eine enorme Konzentration vom Pferd verlangt wird. Wer einmal die Möglichkeit hat, der kann sich in Frankreich in Saumur oder in der spanischen Hofreitschule in Wien die Arbeit an den Pilaren ansehen.

*oben: Longieren in der Dual-Aktivierung. – unten: Arbeit in der Dual-Aktivierung.*

## Dualaktivierung

In der Dualaktivierung nach Michael Geitner wird mithilfe von am Boden liegenden Stoffgassen das Pferd auf verschiedenen Ebenen trainiert. Dies soll die Vernetzung der beiden Hirnhälften beim Pferd aktivieren. Die Pferde werden koordinierter und konzentrierter. Sie lernen durch die entsprechenden Übungen – am Boden und unter dem Sattel – das innere Hinterbein unterzusetzen. Seit 2004, dem Beginn der Dualaktivierung, bis heute trainieren viele tausend Reiter – vom Freizeitreiter bis hin zum Olympiateilnehmer – nach dieser Methode. Sie eignet sich für jedes Pferd in jedem Alter und für jede Reitweise (siehe auch www.michaelgeitner.de).

*Führen sollte man zuerst mit dem Druckhalfter üben, bis es so harmonisch aussieht wie hier.*

## Die Bodenarbeit im Trainingsplan

Der Mix macht's. So wie wir uns auch verschiedenen Beschäftigungen hingeben, mögen es Pferde, wenn der Trainingsplan variiert. Allein mit den Gassen in der Dualaktivierung könnte man ca. über drei Jahre lang jeden Tag einen anderen Trainingsparcours aufbauen! Und es gibt noch hundert Ideen mehr. Eine sinnvolle Kombination erhält nicht nur die Motivation des Pferdes, sondern es macht auch noch Spaß, mit anderen aus dem Stall gemeinsam dem Training nachzugehen. In all den Übungen lernen wir unser Pferd besser kennen und vertrauen einander: eine wichtige Basis für ein gutes Miteinander.

### Führarbeit

Am Anfang jeder Bodenarbeit sollte die Führarbeit stehen. Ähnlich wie ein Pilot in seinem Flugzeug vor jedem Start einen Pre-Flight-Check durchführt, kann uns die Führarbeit in den ersten Minuten viel Aufschluss darüber geben, wie unser Pferd heute »drauf ist«. Voraussetzung sollte immer sein, dass wir ebenfalls konzentriert, ausgeruht und fokussiert arbeiten.

Führen Sie Ihr Pferd zum Aufwärmen ein paar Runden in forschem Tempo über den Platz oder in der Halle und wechseln Sie dabei mehrmals die Hand. Lassen Sie die Longe etwas länger und sehen Sie, wie gut Ihr Pferd sie beobachtet und darauf reagiert. Wechseln Sie öfter die Richtung, wenn es unkonzentriert ist und nach anderen Dingen sieht. Zur Belohnung können Sie es anhalten und ausruhen lassen.

### Eine-Stange-Übung

Als leichte Steigerung nutze ich gerne die Eine-Stange-Übung. Dazu wird eine Stange oder besser ein Kantholz von zwei Meter Länge auf den Boden

*Working Equitation ist die traditionelle Form der GHP. Hier Großmeister Pedro Torres auf Oxidado.*

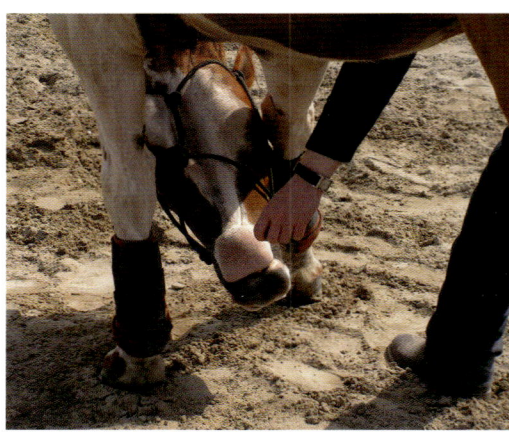

*Zirkuslektionen zu üben, bringt Spaß und Abwechslung.*

gelegt. Gehen Sie nun ein paar Mal mit Ihrem Pferd darüber. Hören Sie das »Klong Klong« der Hufe an der Stange, verlangsamen Sie Ihr Tempo und neigen sich ein wenig herunter, sodass Ihr Pferd die Stange wahrnimmt und die Füße beim Drüberschreiten anhebt.

Bei meinen Beobachtungen von Wildpferden habe ich oft gestaunt, wozu sie in der Lage sind: Sie konnten im vollen Galopp über eine abgeholzte Fläche preschen, ohne das auch nur ein Pferd gestolpert wäre oder ein lautes Geräusch zu hören wäre! Sind sie einmal in Übung, sind sie wahre Kletterkünstler. Zurück zu unserer Übung, bei der Sie nun abschließend ihr Pferd an den Balken heranführen. Versuchen Sie, jedes seiner Beine so zu kontrollieren, dass es einzeln über die Stange tritt. Also 1. Bein, anhalten, 2. Bein, anhalten, 3. Bein, anhalten, 4. Bein, anhalten. Funktioniert dies gut, können Sie das Ganze im Rückwärtsgang versuchen.

## Gelassenheitsprüfung (GHP)

Die GHP oder Gymcana, wie unsere Nachbarn sagen, steht für das Gelassenheits-Training mit Pferden. Ziel ist es nicht, das Pferd so oft wie möglich mit allen möglichen schrecklichen Gegenständen in Kontakt kommen zu lassen. Das Pferd soll vielmehr lernen, auf die Hilfen des Reiters oder Führers zu hören und durch die Teamarbeit gelassener zu werden. Wir können nicht alle vorkommenden Schrecknisse »üben«. Es gibt 1000 Situationen, in denen ein Pferd erschrecken kann. Zuerst muss uns klar sein, weshalb es das tut. Zum einen ist es wie schon beschrieben genetisch bedingt, zum anderen kann es die Silhouette des Gegenstandes oder der Person vielleicht nicht ganz erfassen. Also üben wir und erstellen uns z. B. einen Parcours aus Luftballons, Flatterband und einer Kuhglocke. Hier haben wir akustische und optische »Monster«, die auch noch ihre Form verändern oder anders klingen. Wer sich eingehender für die GHP interessiert: Von der

Zeitschrift Cavallo gibt es die Broschüre GHP mit den 10 Übungen, etwas ausführlicher beschrieben ist die GHP in meinem gleichnamigen Buch.

## Zirkuslektionen

Selbst für Springpferde sind Zirkuslektionen sinnvoll eingesetzt, eine willkommene Abwechslung. Übungen bei denen z. B. der Rücken aufgewölbt werden muss, z. B. »Möhre zwischen den Beinen schnappen«, lassen sich auch nebenbei anbringen. Neben Geduld und regelmäßigem Üben setzt die Arbeit an Zirkuslektionen auch voraus, dass man eine gute Kenntnis der Pferde-Anatomie hat. Man sollte auf jeden Fall wissen, welches Gelenk wann und wie beansprucht oder auch evtl. überbeansprucht wird. Das Einüben mit mehreren anderen Pferd-Reiter-Paaren unter fachkundiger Anleitung bringt meiner Meinung nach den meisten Spaß an der Arbeit. Übungen, in denen auf ein Podest gestiegen wird, das Pferd sich hinlegt oder kleine Sachen apportiert, können auch im Pferde-Alltag untergebracht werden. Sie festigen die Basis zwischen Pferd und Reiter.

## Freiarbeit

Die wohl höchste und schönste Form der Bodenarbeit ist die Freiarbeit mit dem Pferd. Kenzie Dysli oder die Pignon-Brüder zeigen uns auf den einschlägigen Veranstaltungen, wie traumhaft es aussehen kann, wenn der Draht zum Pferd da ist. Natürlich ist dies hinter den Kulissen mit viel Arbeit verbunden und oft spielt das Glück mit rein, quasi im Sattel aufzuwachsen und ständig Pferde um sich zu haben. Aber auch wir »Normalos« können auf diese Art mit Pferden flüstern und Freiarbeit mit Pferden durchführen. Die Arbeit mit Pferden darf generell nie etwas mit Zwang zu tun haben und sie sollen auch nicht einfach nur abgestumpft ihr Programm herunterspulen. Ich bilde mir ein, dies in den Augen der Pferde lesen zu können. Wenn sich aber die

*Gelassenheit kann man trainieren.*

Gedanken des Menschen in den Augen des Pferdes spiegeln, dann ist es magisch. Pferd und Mensch scheinen dann wie durch ein unsichtbares Band verbunden zu sein. Dann empfinde ich es auch nicht als schlimm, wenn mal etwas außerhalb der Choreografie passiert. Es zeigt mir, dass der Trainer dem

*Die freie Arbeit am Boden.*

Pferd Raum für eigene Persönlichkeit gewährt – Raum, der ansonsten im Training allein wegen der Sicherheit nicht gewährt werden kann oder darf. Dafür heißt es ja in diesem Fall auch Freiarbeit. Diese muss nicht nur aus der Aneinanderreihung von Zirkuslektionen bestehen. Sie kann z. B. auch bedeuten, dass man das Pferd im Round Pen um sich herumlaufen lässt und es durch Gesten oder sogar nur mithilfe des eigenen Atems kontrolliert. Ob das funktioniert? Ja, ich habe es bei einem meiner Pferde ausprobiert. Der Vollblüter (ein Sohn Lomitas) kam von der Rennbahn als dreijähriges, ausgemustertes Rennpferd zu mir. Außer geradeaus laufen – und das ziemlich schnell – kannte er nichts.

Inzwischen ist er ein treues Verlasspferd für Geländeritte. Wie das mit dem Atem genau funktioniert, beschreibe ich in Kapitel 3.

## Verladen

Auch wenn es viele ignorieren, ist das Verladen eine Form der Bodenarbeits-Übungen. Wird das regelmäßig trainiert, gibt es keine Probleme beim Verladen. Diesem Thema widmet sich Kapitel 4.

## Arbeit im Round Pen

Diesem Thema widmet sich das ganze nächste Kapitel, da es die klassische Form des »Arbeitsraumes« eines Pferdeflüsterers darstellt.

*Training mit der Plane.*

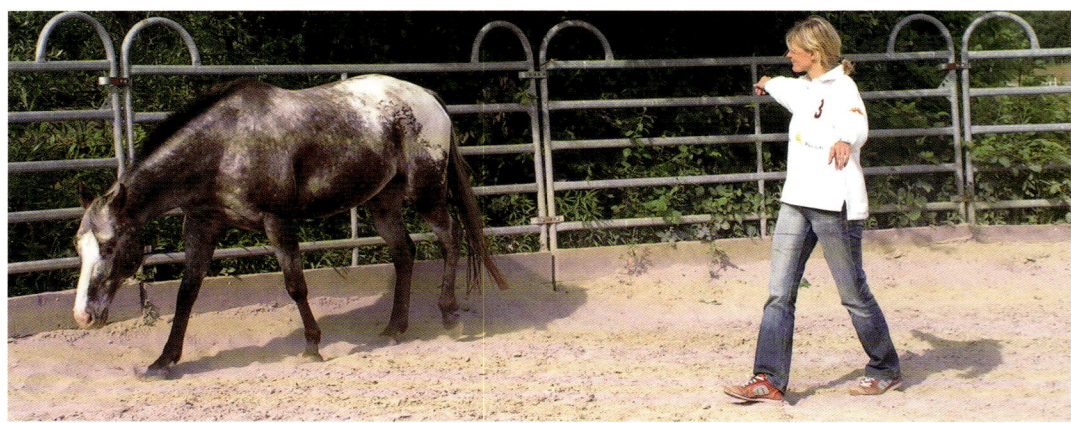

*Trödler brauchen konsequente Hinweise.*

## »Macken« und wie man sie korrigiert

Kaut das Pferd am Strick oder scharrt es am Anbindeplatz herum, sind viele Pferdebesitzer zu Recht genervt. Dabei zeigt dies meistens, dass gravierende Erziehungsmängel dazu führen. Wie Michael Geitner es so schön formuliert, »heute zappelt er noch, morgen läuft er schon über Dich.« Es gilt also, früh einzuschreiten. Doch wie macht man das, wenn im Stall fast jeder einen anderen Tipp gibt, vom Herumschreien bis hin zum Draufschlagen? Hier sind die häufigsten Macken dargestellt und wie man sie sinnvoll korrigiert:

### Der Trödler
*Problem:* Das Pferd lässt sich nicht gut führen. Mal lässt es sich ziehen, mal rennt es an einem vorbei.
*Die Lösung:* Medizinische Probleme ausschließen, Führübungen mit dem Druckhalfter durchführen und schnelle Richtungswechsel einbinden, bei denen das Pferd dabei bleiben muss.

### Die große Flatter
*Problem:* Das Pferd erschreckt sich andauernd und versucht sich loszureißen.
*Die Lösung:* Mangelnde Grundausbildung von Pferd und Reiter beheben, medizinische Probleme ausschließen und abklären, ob das Pferd an anderen Stallkollegen »klebt«?

### Der Drängler
*Problem:* Das Pferd schubst und drängelt. Es gibt beim Führen den Takt an.
*Die Lösung:* Führübungen mit dem Druckhalfter, sofortige Korrektur von Fehltritten durch Rückwärtsrichten oder schnelle Richtungswechsel, kein Futter aus der Hand füttern.

### Der Gierschlund
*Das Problem:* Das Pferd nutzt jede Gelegenheit beim Ausritt oder am Platzrand, um nach Gras zu schnappen.
*Die Lösung:* Checken Sie, ob Sie die richtige Zeit für das Training gewählt haben. Ist das Pferd zu hungrig, müssen Sie eine andere Uhrzeit wählen. Gene-

*Bodenarbeit mit der Dualfahne hilft beim Vernetzen der Hirnhälften.*

rell bedeutet das unerwünschte Abtauchen nach Futter aber auch, dass das Pferd nicht an den Hilfen steht. Reiten Sie rangorientiert und geben Sie Richtung und Geschwindigkeit vor. Bei meinem Haflinger, der in jungen Jahren an keinem Halm vorbeigehen konnte, wählte ich zusätzlich die Variante, dass ich das Druckhalfter über die Trense zog und somit eine sanfte Einwirkung auf das Hochnehmen des Kopfes hatte. So musste ich nicht am Gebiss reißen.

### Der Schni-Schna-Schnappi

*Das Problem:* Beim Führen und Putzen zwickt das Pferd.

*Die Lösung:* Auf keinen Fall dürfen Sie Ihr Pferd aus der Hand mit Leckerlis füttern. Besser eine Schüssel auf den Boden stellen oder die Extra-Portion mit in den Trog geben. Beim Führtraining hat es sich

bewährt, wenn man den »Schnappis« mit einer Tüte, die an einer Gerte festgebunden ist, vor der Nase wedelt, um sie so auf Abstand zu halten. Ganz hartnäckigen Fällen ziehe ich auch die ersten Male einen Weide-Maulkorb auf, um geordnete Führübungen zu etablieren.

### Der Hinleger

*Das Problem:* Beim Aufheben der Hufe steht das Pferd nicht still, hampelt herum und versucht sich sogar hinzulegen.

*Die Lösung:* Das Grundproblem liegt meistens in mangelnder Koordination. Pferde die schlecht oder gar nicht ausbalanciert sind, haben ein Problem, wenn sie plötzlich auf drei Beinen stehen müssen. Am besten trainiert man nach einem 6-Wochen-Plan in der Dual-Aktivierung, um die Koordination und die Balance zu verbessern.

### Der Giftzwerg

*Das Problem:* Beim Füttern giftet das Pferd zu anderen und legt die Ohren an.

*Die Lösung:* Ursache ist meist falsches Fütterungsmanagement durch den Menschen. Fütterung zu festgesetzten Zeiten und nicht ausreichendes Raufutter führen zu diesem Verhalten, welches man in freier Wildbahn nicht beobachten kann. Überdenken Sie Ihre Pferdehaltung und sehen Sie sich die Skizzen unter Kapitel 1 an.

### Der Goldgräber

*Das Problem:* Am Putzplatz oder im Hänger scharrt das Pferd mit den Hufen.

*Die Lösung:* Die meisten Pferde scharren aus Nervosität und Angst – sie wissen, dass nun eine Handlung folgt (es wird geritten, der Hufschmied oder Tierarzt kommt und so weiter). Unterbrechen Sie diesen Kreislauf und üben Sie das Stillstehen am Anbindebalken.

# 3

# Kommunikations-
# ebene: Die Arbeit
# im Round Pen

# 3. Kommunikationsebene: Die Arbeit im Round Pen

## Kann man mit Pferden sprechen?

Schon im Vorwort haben wir uns damit befasst, was Pferdeflüstern eigentlich bedeutet. Immer wieder wird mir aber auch die Frage gestellt: »Kann man mit Pferden sprechen?« – »Ja, natürlich!«, behaupte ich. Man kann wie mit jedem anderen Lebewesen auch zum Pferd Kontakt aufnehmen und »Antworten« erhalten – vorausgesetzt, man »spricht seine Sprache«. Nun gab es ja einige Pferde-Meister, die uns erklärten, sie würden die Sprache der Pferde sprechen. Wie das ging, konnte dann aber keiner so genau sagen, es sei denn, man zahlte ihnen einen Haufen Geld. Natürlich kostet Bildung Geld, jedoch gibt es da draußen auch einen großen Schatz, den wir heben können – und der ist kostenlos. Das einzige, was wir dafür benötigen, ist gute Beobachtungsgabe und ein paar theoretische Fakten rund um das Pferd. Pferde kommunizieren – für unsere Ohren – lautlos.

In freier Wildbahn wird so viel wie möglich ohne wiehern, quietschen und blubbern zu verstehen gegeben, es könnte ansonsten Feinde anlocken. Entscheidend ist, welche Position beispielsweise das kommunizierende Pferd hat, welche Position das sich nähernde Pferd hat und welche Position die beiden im Raum zueinander einnehmen. Frontal aufeinander zugehen bedeutet Stress, sich seitlich nähern bedeutet »Wir diskutieren das aus.« Hinzu kommt, dass Pferde eine Menge Faktoren auswerten, die wir Menschen unterbewusst kommunizieren: Körperhaltung, Hormonstatus, unsere Position im Winkel zum Pferd und natürlich die Frequenz unseres Atems. So geben wir vielleicht Informationen frei, die wir gar nicht preisgeben wollten. Dieser Umstand macht eine klare Kommunikation mit Pferden schwierig.

Wenn ich zu meinen Pferden in den Stall gekommen bin, konnte ich ihnen bereits ansehen, wie sie gelaunt waren oder ob etwas Außergewöhnliches vorgefallen war. Dazu verbrachte ich natürlich ziemlich oft Zeit mit ihnen und wusste, wie sie aussahen, wenn sie bestimmte Tätigkeiten verrichteten. Auch Pferde haben ihren Rhythmus, der durch Ereignisse wie z. B. ein Gewitter in der Nacht gestört wurde, deshalb waren sie am anderen Tag vielleicht schläfriger als sonst. Darauf habe ich dann auch Rücksicht genommen. Man kann also schon einiges an Antworten ableiten, wenn man sein Pferd ganz genau beobachtet und seine Rangposition kennt.

Kommen wir nun zu der Frage zurück, ob man auch wirklich mit ihnen sprechen kann. Die meiste Kommunikation, die wir meinen mit Pferden zu betreiben, beruht eigentlich nur auf Befehlen, also eine Dressur. Wir wollen, dass das Pferd etwas Bestimmtes macht: »Geh nach rechts«, »Geh nach links«, »Bleib stehen« und so weiter. Da unterscheidet sich die klassische Dressur vom Westernreiten ebenso wenig wie die Parelli-Anhänger von den Monty Roberts-Anhängern. Alles ist, platt gesehen, Dressur wie bei den Tieren im Zirkus. Wir geben die Befehle, das Pferd führt sie aus. Eine Unterhaltung basiert aber auf dem Zwei-Wege-Schema, das bedeutet, dass auf meine Frage nicht nur Antwort und Ausführung folgt, sondern auch Fragen vom

Gegenüber. Aber wollen wir überhaupt, dass das Pferd nachfragt? In bestimmten kritischen Situationen ganz sicher nicht. Wir haben uns entschieden, dass das domestizierte Pferd unser Haustier ist – Um friedlich zusammenleben zu können, gehört eine bestimmte Form von Dressur und Training dazu.

Wir sollten die Kommunikation mit Pferden so auffassen, dass wir ihre Bedürfnisse respektieren, ihnen eine artgerechte Haltung, Fütterung und ein artgerechtes Training bieten. Geben die Pferde uns Hinweise darauf, dass sie dies oder jenes nicht können oder nicht für uns ausführen, so haben sie meistens einen triftigen Grund, den es herauszufinden gilt. Unsere Aufgabe ist es, den Grund herauszufinden, damit sich das Pferd wieder besser fühlt. So betrachtet kommt also doch eine »Unterhaltung« – auch ohne Worte – zustande, die nicht nur rein auf einer Dressur basiert.

## Die Round Pen-Arbeit

Seit vielen Jahrhunderten arbeiten Menschen bereits mit Pferden in roundpenähnlichen Konstruktionen. Der entscheidende Vorteil eines Round Pens ist, dass es – wie der Name schon beschreibt – keine Ecken gibt. Das Pferd hat keine Möglichkeit, sich durch das »Einparken« in einer Ecke der Arbeit zu entziehen. Dies intensiviert die Wirkung des Menschen in der Mitte auf das Pferd extrem, worauf ich später noch einmal zurückkomme. Des Weiteren ist das Round Pen aber auch ein sicherer Platz, um auf gutem Boden mit dem Pferd konzentriert zu arbeiten.

## Bauliche Voraussetzungen

Das Wichtigste im Umgang mit Pferden ist immer die Sicherheit. Ein Pferd bleibt ein Fluchttier und

ein Mensch wird auch in der Regel immer etwa 400–500 kg weniger wiegen als das Pferd, also sind die Kräfte bereits verteilt. Ein gutes Round Pen muss eine sichere Umzäunung haben. Empfehlenswert ist entweder eine 2,5–3 m hohe Bande aus Holz inklusive der Tür. Die Umzäunung sollte zudem nicht einsehbar sein, von außen und innen. Es gibt auch Varianten mit einem Betonsockel, auf den der Holzzaun gesetzt wird. Experimente mit Elektro-Litze und Metallgitter, die wie Panel-Gitter sind und zu große Abstände oder keinen Abschluss nach unten zum Boden haben, sollte man auf jeden Fall vermeiden. Die Verletzungsgefahr ist zu groß.

### Der Boden

Je nachdem, ob das Round Pen ein Dach hat oder nicht, sollte man den entsprechenden Bodenbelag mit Drainage wählen. Sand, Lederschnitzel oder einen Unterbau mit 15 cm festem Mutterboden und 7 cm lockerem Sand garantieren einen sicheren und rutschfesten Bodenbelag.

### Das Dach

Natürlich muss man bei solchen Bauwerken vorab eine Baugenehmigung einholen. Bei der Auswahl des Daches sollte man daran denken, das genügend Licht einfallen kann, ohne das seltsame Schattenmuster entstehen. Je nach Stand der Sonne, können diese ein Pferd ziemlich irritieren.

## Methoden der Round Pen-Arbeit

In Nordamerika arbeiten die Pferdemenschen seit vielen Jahrzehnten im Round Pen. Trainer wie Buck Brannaman haben die Arbeit im Round Pen zur Perfektion gebracht. Er benutzt das Pen, um Pferde zu trainieren, einzureiten und die Fehler der Besitzer zu korrigieren. Ein zentraler Satz von ihm ist: »Die größte Herausforderung beim Pferdetraining ist,

*Die Arbeit mit mehreren Pferden gleichzeitig im Round Pen sollte Profis vorbehalten sein.*

deine eigenen Emotionen zu kontrollieren.« Wie wahr!

Durch Monty Roberts wurde das Pferde-Training im Round Pen in Europa sehr bekannt. Grund genug, es einmal ganz genau unter die Lupe zu nehmen. Die Technik des Join Up wurde oft versucht zu kopieren, anders zu benennen und so weiter. Die wenigsten konnten jedoch auf den ersten Blick erfassen, was da genau passierte. Da ich über drei Jahre Monty Roberts bei seinen Welt-Tourneen assistierte und zuständig für die Auswahl seiner Showpferde war, hatte ich also viele hundert Male die Gelegenheit, Monty bei seinem Join Up zu beobachten – und auch die Pferde. Deshalb kann ich heute sagen, dass man nur etwas anwenden sollte, wenn man es auch wirklich beherrscht.

## Was genau ist Join Up?

Beim Join Up wird ein Pferd in den Round Pen geführt. Zur Orientierung werden ihm alle vier Himmelsrichtungen gezeigt. Danach wird es von der Longe losgemacht und durch eine energische Handbewegung vom Trainer weggeschickt. Es beginnt um ihn herumzulaufen – beim Join Up meist im Trab oder Galopp. Der Trainer fordert durch weitere Handbewegungen mit geöffneten Händen auf, weiterzulaufen. Nach ungefähr acht Runden wird die Hand gewechselt und das Pferd läuft weitere acht Runden auf der anderen Hand. Je nach Pferdetyp beginnt hier bereits die »Kommunikation«, wie es Monty Roberts nennt: Das Pferd wendet das Innenohr zum Trainer, der Kopf senkt sich und das Pferd löst sich vom Außenzaun und kommt näher auf den Trainer zu. Es leckt und kaut. Nun nimmt der

Trainer eine 45°-Position zu dem Pferd ein und lädt es durch eine Drehung in Laufrichtung des Pferdes zu sich ein. Nun beginnt der von Monty Roberts so benannte »magische Moment« des Join Up. Das Pferd kommt zum Trainer nach innen. Dieser hat immer ein Auge (seitlich) auf das Pferd! Nachdem es zu dem Trainer gekommen ist, wird es zum Lob zwischen den Augen gestreichelt.

Nun kommt das Follow Up, das Pferd folgt dem Trainer auf Schritt und Tritt nach rechts und links. Danach reibt der Trainer das Pferd auf beiden Seiten mit den Händen und hebt jedes Bein nacheinander hoch. Dann bringt ein Helfer Sattel und Zaumzeug herein und das (noch nicht gerittene Pferd) wird zum ersten Mal gesattelt und getrenst. Im weiteren Verlauf wird dann mit der Doppellonge gearbeitet und das Pferd läuft in allen drei Gangarten auf bei-

den Händen mit Sattel und Trense. Danach wird die Doppellonge entfernt und der Helfer kommt wieder ins Round Pen. Er steigt das erste Mal in den Sattel und reitet das Pferd in allen drei Gangarten auf beiden Händen, zum Abschluss stehen noch drei Schritte Rückwärts an. Dann wird das Pferd abgesattelt und nun läuft es abermals hinter dem Trainer auf der rechten und linken Hand hinterher. Die ganze Zeremonie dauert circa 30 Minuten.

Diese Beschreibung lässt noch viele Aspekte aus und ist zur Verständlichkeit aller vereinfacht gehalten.

### Wann sollte man Join Up »anwenden«?

Meiner Meinung nach ist Join Up keine Technik, die dann und wann angewendet werden soll. Zum

*Kommt das Pferd nach innen zum Trainer, wird es zum Lob zwischen den Augen gestreichelt.*

einen muss der Trainer ganz genau wissen, was er macht und welche Position er im Round Pen einnimmt, was aufgrund mangelnder Erfahrung die meisten bereits ausschließt. Leider habe ich – wie viele andere Trainer auch – »überjointe« Pferde zur Korrektur erhalten. Es hätte jedoch eher der Besitzer geschult werden müssen. Immer wieder hört man davon, dass Pferde-Besitzer regelmäßig »Join Up machen«, weil sie vielleicht keine andere Idee haben, wie sie ein vermeintlich problematisches Pferd wieder zur Kooperation gewinnen können. Dabei sind bereits schlimme Unfälle passiert, bei denen Pferde über das Pen gesprungen sind. Selbst Monty Roberts empfiehlt Join Up nur dreimal im Leben eines Pferdes anzuwenden und das auch nur, wenn man es wirklich beherrscht. Von außen betrachtet und oberflächlich gesehen passiert nichts anderes, als dass man ein Pferd ein paar Runden im Kreis scheucht. Tatsächlich ist es aber so, dass je nach Pferdecharakter die »Sitzung« im Round Pen extrem stressig sein kann! Mit meinen Studenten mache ich immer das Experiment »human to human«. Das bedeutet: Wir gehen zu zweit in das Round Pen, einer ist das Pferd und der andere ist der Trainer. Ohne Worte müssen die beiden im Pen kommunizieren und für viele wird es als äußerst bedrohlich beschrieben, wenn der Trainer auf einen zukommt mit vorgerücktem Oberkörper und starrem Blick, gleich der Angriffsposition vieler Raubtiere. Und nichts anderes sind wir in diesem Moment im Round Pen für das Pferd, darüber müssen wir uns klar sein.

## Warum schließt sich das Pferd dann trotzdem an?

Pferde sind Herdentiere und es gehört zu ihrem natürlichen Verhalten, sich anderen anzuschließen und dort Schutz und Komfort zu suchen. Können Sie

sich vorstellen, was es bedeutet, wenn man nicht diese Leit-Position einnimmt? Im schlimmsten Falle steht das Pferd auf zwei Beinen hinter einem oder attackiert sogar den Trainer.

## Welche anderen Möglichkeiten gibt es, als im Round Pen zu arbeiten?

Für mich ist es ein wunderbarer Platz, um dem das Pferd zur Kooperation zu gewinnen. Die Kontrolle über Richtung und Geschwindigkeit kann bis hin zur feinsten Kommunikation geübt werden. Dies kann zu Beginn mit Hilfsmitteln wie einer Gerte als Signalgeber unterstützt werden um dann immer feiner zu werden – und schließlich nur noch mit dem Atem das Pferd zu kontrollieren.

Zuerst sollte man sich überlegen, was das Trainingsziel des Tages, der Woche oder des Monats sein könnte.

## Die verschiedenen Zonen

Wenn man mit einem Pferd im Round Pen ist, hat die eigene Position unterschiedliche Wirkung auf das Pferd, je nachdem in welchem Winkel man zu

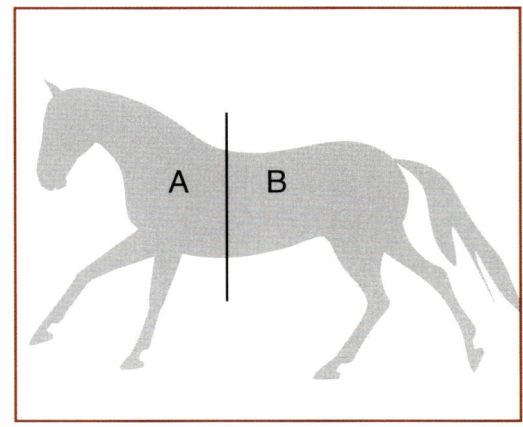

## Der einzig wahre Pferdeflüsterer: Buck Brannaman

*Dan M. »Buck« Brannaman, geboren am 29.01.1962 in Wisconsin/USA und aufgewachsen in Montana, war für lange Jahre Schüler von Ray Hunt und Tom Dorrance und ist nun einer der Hauptvertreter des Natural Horsemanship. Inzwischen gibt Buck Brannaman weltweit Fortbildungen. Er blickt auf 30 Jahre Erfahrung mit etwa 2000 Kursen zurück und legt dafür im Jahr um die 60.000 km zurück. Buck war der Hauptberater und die Vorlage für die Verfilmung der Novelle »Der Pferdeflüsterer« von Nicholas Evans. Er und Robert Redford sind bis heute sehr gut befreundet. Hauptsächlich wegen seiner überzeugenden und authentischen Pferdearbeit hat die junge Dokumentarfilmerin Cindy Meehl den mehrfach prämierten Kinofilm »Buck – The Film« gedreht. Brannaman selbst hat inzwischen verschiedene Bücher und DVDs veröffentlicht. Einmal im Jahr ruft Buck zu der Gedächtnisveranstaltung für Ray Hunt auf – die »Legacy of Legends«.*

*2012 hatte ich die Gelegenheit, Buck Brannaman persönlich kennenzulernen, als ich in Montana USA an einem seiner Kurse teilnahm. Er hat das best-trainierte Pferd, das ich je gesehen habe und reitet selbst auf höchstem Niveau in einer Perfektion und Leichtigkeit, die man nur selten sieht. Von seinen Studenten verlangt er Disziplin, akribisch korrekte Ausführung der Übungen und achtet auf tiergerechtes Training, egal ob Rind oder Pferd. Dabei arbeitet er gerne an Feinheiten und Kleinigkeiten, die die Basis für das große*

*Ganze sind. Er korrigiert freundlich und nachhaltig, wenn auch mit viel derbem Humor gewürzt. Er spricht sich vehement gegen die Hyperflexion aus und verlangt vom Menschen absolute Selbstdisziplin dem Pferd gegenüber in Bezug auf die Kontrolle der eigenen Emotionen. Für mich ist er der einzig wahre Pferdeflüsterer und ein großes Vorbild in allen Punkten. Mehr Infos bekommen Sie auf der Internetseite www.Brannaman.com.*

## Drei Tage mit Buck Brannaman – ein Kursbericht

### Drei Tage mit Buck Brannaman – ein Kursbericht

Der Begriff Natural Horsemanship ist eng mit Ray Hunt sowie Bill und Tom Dorrance verbunden. Deren Erbe hat Wegbegleiter und Meisterschüler Buck Brannaman angetreten und vertritt es mehr als würdig. In seinen Kursen lernen die Teilnehmer nicht nur eine Menge über Pferdetraining, Rinderarbeit und Roping, sondern auch über Menschenführung. Die Art, wie er korrigiert oder auch nicht auf Fehler hinweist, bis sie selbständig korrigiert werden, ist einzigartig. Doch jeder, der an einem Kurs mit Buck teilnimmt, sollte sich im Klaren sein, dass er keine halbherzigen Sachen akzeptiert. Konzentration und Disziplin haben oberste Priorität. November 2012, Montana USA: Alle Brannaman-Kurse laufen sehr strukturiert nach einem genauen Zeitplan ab. Die Reiter, die ihn schon von früheren Kursen kennen, sind sehr diszipliniert und wissen, wann sie wo zu stehen haben. Zwöf Teilnehmer samt Pferden sind für den H2-Kurs (Horsemanship 2-Kurs) in Montana gemeldet, einem Kurs für fortgeschrittene Reiter, die das Ropen von Rindern bereits sehr gut beherrschen. Am ersten Tag wird ab 9 Uhr aufgewärmt. Dazu longieren die Teilnehmer ihre gesattelten Pferde. Nach rund 10 Minuten wird das Knotenhalfter durch ein Bridle mit Snaffle Bit ersetzt. Nach weiteren 20 Minuten Aufwärmung auf dem Pferd stellen sich alle unaufgefordert an der kurzen Seite der Halle auf. Die Pferde stehen bewegungslos, während das Rolltor hochgeschoben wird. Buck reitet ein, für den Kurs hat er sein Pferd Rebel gesattelt. In andächtiger Stille wärmt er sein Pferd auf. Dabei wird schnell klar, dass hier jemand im Sattel sitzt, der durch sein Können überzeugt. Kehrtvolte, Travers, fliegende Galoppwechsel – alles gelingt in einer Perfektion und Leichtigkeit, wie man es nur selten sieht. Als er nach 20 Minuten bei den Teilnehmern anhält, quittiert das Publikum dies erst einmal mit einem tosenden Applaus. Nun werden Fragen abgearbeitet. Eine Anfängerin fragt beispielsweise, ob sie bei ihrem Pferd Sporen benutzen darf. Buck beantwortet es mit einer Gegenfrage: »Bist Du weit genug, um deine Schwächen zu erkennen?« Er blickt in das fragende Gesicht der Reiterin und es folgt eine rund fünfminütige Abhandlung, weshalb man auf den Einsatz von Sporen verzichten sollte, es sei denn, er weiß tatsächlich, wie man damit umgehen muss. Seiner Meinung nach hat man den Zeitpunkt verpasst, anständig mit seinem Pferd zu arbeiten, wenn man auf Sporen zurückgreifen muss, nur weil das Pferd angeblich faul ist. Es sei die vornehme Aufgabe eines jeden Reiters, täglich daran zu arbeiten, dass das Pferd handlich wird. Und das bitte so, dass man jeden Morgen in den Spiegel schauen kann und weiß, dass man an seinen eigenen Schwächen zu arbeiten hat.

Ein anderer Reiter fragt, was er machen soll, wenn sein Pferd nicht dreht. »Dafür hast du doch Beine«, ist seine knappe Antwort, bevor er ausführlich erklärt, dass dies auch eine Frage der Ausbildung ist. Man könne nicht an Rindern arbeiten, wenn die Grundausbildung des

## Drei Tage mit Buck Brannaman – ein Kursbericht

Pferdes nicht sitzt. Schnell wird klar, dass die Messlatte hier sehr hoch hängt. Trotzdem oder gerade deshalb arbeitet er in den nächsten Stunden akribisch an der korrekten Ausführung von Übungen (kurze Serpentine an der langen Seite, das Pferd im Schritt schneller und langsamer nur über die Sitzeinwirkung zu machen, Abstoppen aus dem Schritt aus der Sitzposition 3, halber Zirkel). Buck hat sichtlich Freude, denn diese Übungen lässt er immer wieder wiederholen. »Das könnte man den ganzen Tag machen, um es endlich korrekt zu haben«, schmunzelt er. Der Reiter müsse den Körper kontrollieren können. Nichts darf einseitig erfolgen, »nimmt die eine Seite an, gibt die andere nach und die Schultern bitte nie isoliert von der Hüfte.« Danach folgt Abstoppen und Rückwärtsrichten. Auch das wird ca. 20–30 mal geübt. Alle Übungen sollen auf die große Figur »Teardrop« hinführen, die am

Nachmittag geübt wird. Als nächstes steht die Drehung auf der Hinterhand an. Buck verlangt ein feines Gefühl von allen und mahnt die Teilnehmer sachlich und freundlich, aber sehr bestimmt, den Rhythmus einzuhalten: drehen hinten 1, 2, 3 – drehen vorne 1, 2, 3 – und wieder hinten. Als es alle einigermaßen korrekt ausführen können, geht er zum nächsten Schritt über und lässt alle ohne Zügel die »short serpentine« reiten. Ziel ist, dass das Pferd den Zügel fühlt, ohne wirklich Kontakt zu haben. Probleme entstehen nach Bucks Meinung oft beim jungen Pferd. Es wird zuviel Druck gemacht und zu schnell vom Snaffle Bit auf die Hackamore umgestellt. Er erinnert eindringlich daran, dass die Grundausbildung eines Pferdes nun einmal Zeit braucht. Als letzte Übung vor der »Teardrop-Exercise« lässt er den »Outsideturn« mit anschließendem Rückwärtsrichten üben.

## Drei Tage mit Buck Brannaman – ein Kursbericht

*Gleich nach der Mittagspause, die er mit allen Reitern verbringt und weiter geduldig jede Frage beantwortet, steht die knifflige Übung an. Nach dem Aufwärmen versammeln sich alle Reiter in der Mitte und jeweils zwei Reiter üben an der rechten und linken langen Seite der Bande. Buck erklärt, dass die Übung eine wunderbare Vorübung für das Aussondern von Rindern ist. »Durch die Übung bekommt ihr euer Pferd geschlossener und es kommt mehr auf das innere Hinterbein.« Auch die Teilnehmerin von heute morgen darf nun Sporen tragen. »Es wäre sonst, als würde man einem Käfer beim Sterben zusehen«, heitert Buck die andächtige Stille auf. Die Übung wird im Schritt geritten. Halbe Volte aus der Ecke kehrt und dann im Travers zurück zum Hufschlag in entgegengesetzter Richtung. Nach 45 Minuten konzentrierter Schrittarbeit lässt Buck die Rinder hereinkommen. Nun können alle zeigen, wie gut sie ihr Pferd beherrschen. Zunächst geht es nur darum, dass jeder es schafft, ein Rind aus der 20-köpfigen Herde in Ruhe auszusortieren und eine Weile von der Herde abzusondern. Die schwarzen Rinder kommen gerade von der Weide und sind nicht mit unseren Kühen zu vergleichen. Sie leben das ganze Jahr wild auf mehreren tausend Hektar und sind ziemlich schlecht gelaunt, weil sie in die beheizte Arena getrieben werden. Buck macht vor, wie er es gern sehen würde. Nachdem im weiteren Verlauf des Nachmittags jeder ein Rind abgesondert hat, beginnt Buck ein Rind zu ropen. Es bockt erst wild durch die Gegend und lässt sich dann aber ruhig an einem Platz halten. Alles geschieht in einer Seelenruhe und Grabesstille, so kann der Stress für die Rinder auf einem Minimum gehalten werden. Dann bittet er zwei Studenten jeweils ein Vorderbein und ein Hinterbein des Rindes zu »ropen« und es wird vorsichtig »auseinandergezogen«. Buck legt größten Wert darauf, dass das Rind sanft auf die Seite gelegt wird. Als das Rind am Boden liegt, demonstriert Buck, wie man das Rope richtig um die Vorder- und Hinterbeine legt, um es sicher am Boden zu fixieren und somit behandeln zu können. Danach werden die Seile gelöst und das Rind kann unverletzt und in Ruhe zu seiner Herde zurücktraben. »Lasst euer Pferd niemals in ein Rind beißen«, mahnt Buck, »wenn ihr das zulasst, verliert es seine überlegene Position gegenüber dem Cattle!«*

*In den nächsten beiden Tagen wird jeweils nach dem gleichen Muster an der Korrektheit von Stops, Kurzkehrt und Zirkelübungen gearbeitet sowie die Lassowürfe verfeinert. Alle Teilnehmer haben sich enorm steigern können und die Pferde erschienen am dritten Tag trotz des anstrengenden Programms motiviert und versammelter als zu Beginn. Zum Abschluss gibt Buck noch mahnende Worte mit auf den Weg: »Ich hasse die Leute, die nach zwei Kursen selber Kurse geben. Ich habe 4.000 Jungpferde angeritten, bevor ich mir angemaßt habe, den ersten Wochenend-Kurs zu geben und da hatte ich das Gefühl, dass ich ganz am Anfang stehe. Inzwischen bin ich immer noch nicht da, wo ich hin will, denn die Arbeit mit Pferden ist eine ständige Reise. Eines gilt ganz besonders: Wenn du nicht magst, was dein Pferd macht, dann denk darüber nach, was du am Training ändern kannst.«*

ihm steht. Die »normale Position« wäre, dass man in der Mitte steht und parallel auf Höhe des Widerristes ist. Eine abstoppende Position wäre, wenn man das Pferd überholen würde und sich parallel zur ersten Hälfte des Pferdes befindet (A). Eine treibende Position wäre, wenn man parallel zu dem hinterem Teil des Pferdes steht (B).

## Kontrolle über die Richtung

Ein erstes Training im Round Pen könnte z. B. so ablaufen, dass man das Pferd im Schritt um sich herumgehen lässt und der Trainer versucht, durch die Körpersprache die Richtung zu bestimmen. Wenn Sie sich unsicher fühlen, können Sie zu Beginn noch eine Longierpeitsche nehmen und diese als verlängerten Arm benutzen. Kombinieren Sie die Richtungsweisung immer mit einem kraftvollen Ausatmen. Arbeiten Sie konzentriert und fokussiert. Versuchen Sie mit der Zeit, die Longierpeitsche abzulegen und nur durch Ihren ausgestreckten Arm und den geöffneten Händen Ihr Pferd vorwärts zu bewegen. Sprechen Sie nicht dabei, denn das Endziel sollte ja sein, dass Sie Ihr Pferd nur mit dem Atem und gegebenenfalls ein paar Gesten in Richtung und Geschwindigkeit steuern können.

## Kontrolle über den Richtungswechsel

Es bedarf vielleicht ein wenig Übung und das Wohlwollen Ihres Pferdes, um abzulesen, was Sie gerade möchten. Leiten Sie einen Richtungswechsel am besten so ein:
Stellen Sie sich vor, das Round Pen sei eine Uhr auf die Sie von oben herabsehen. Dann wäre Ihr Standort da, wo beide Zeiger in der Mitte festgesteckt sind. Befindet sich das Pferd (linke Hand) auf 12 Uhr, leiten Sie den Wechsel erst für 6 Uhr ein, um

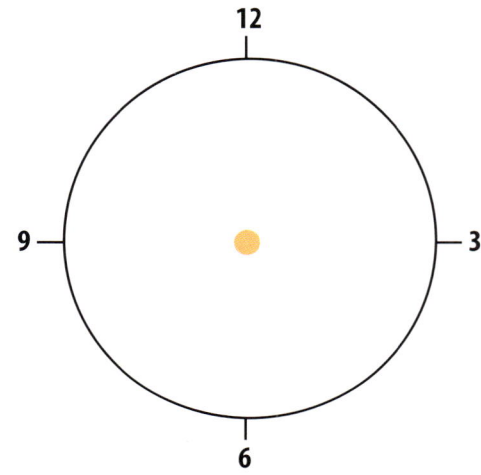

ihr Pferd nicht zu abrupt abzustoppen. Gehen Sie noch bis ca. 3 Uhr in Richtung des Pferde mit, überholen es und machen dann eine halbe Drehung nach links (dabei zeigt Ihr linker Arm in die Mitte des Roundp Pens). Nun stehen Sie quasi Kopf an Kopf mit Ihrem Pferd, wenn es nicht schon die Richtung gewechselt hat. Durch diese Position stoppen Sie es automatisch ab und können es somit zu einem Richtungswechsel veranlassen.
Bei einem fließenden Richtungswechsel mit zunehmender Übung sollte kein Abstoppen mehr zu sehen sein, sondern die Vorwärtsbewegung sollte gleich in den Wechsel einfließen. Um die Pferde-Gelenke zu schonen, sollte dies alles erst einmal im Schritt geübt werden!

## Kontrolle über das Abstoppen

Wenn der Richtungswechsel zu Beginn zu schwierig ist, können Sie erst einmal den Stopp üben: Gehen wie wieder davon aus, dass sich Ihr Pferd im Schritt auf 12 Uhr befindet und Sie den Stopp für 6 Uhr einleiten möchten. Gehen Sie wieder bis ca. 3 Uhr mit,

*Um das Tempo zu variieren, müssen Sie Energie übermitteln.*

überholen dann Ihr Pferd und positionieren Sie sich auf 6 Uhr, kombiniert mit einem Ausatmen.

Das können Sie auch anwenden, wenn Sie ein Pferd haben, das aufgeregt im Round Pen herumgaloppiert. Halten Sie es auf nur einer Hälfte des Round Pens. Natürlich müssen Sie dann schnell zwischen 12 und 6 Uhr hin- und herrennen. Dadurch bestimmen Sie auf jeden Fall schon einmal die Richtung und schnell wird Ihre Führungsrolle hergestellt, sodass Sie auch die Geschwindigkeit kontrollieren können.

## Kontrolle über die Geschwindigkeit

Danach üben Sie, die Geschwindigkeit zu bestimmen. Man kann auch sehr sinnvoll im Schritt arbeiten, es benötigt nicht immer einen fetzigen Galopp. Erinnern Sie sich daran, dass Pferde in freier Wildbahn den Galopp fast nur nutzen, um über kurze Strecken zu fliehen. Große Freiflächen werden gerne im schnelleren Trab überwunden.

Auch innerhalb des Schrittes kann man das Tempo variieren, vom schnellen bis hin zum langsamen Schritt. Nun können Sie damit beginnen, Tempoübergänge zu üben. Fordern Sie Ihr Pferd auf, vom Schritt in den Trab zu gehen. Dazu müssen Sie – auch gedanklich – Energie übermitteln. Wenn Ihr Pferd wie eine energielose Gurke durch den Pen schlurft, spiegelt es Sie wahrscheinlich wieder. Gehen Sie in die treibende Position (auf Höhe des hinteren Endes des Pferdes), aber Vorsicht, halten Sie sich nie innerhalb des Trittbereiches des Pferdes auf! Für den Trab-Schritt-Übergang müssen Sie Ihr Pferd wieder ein wenig überholen, sodass Sie parallel zur ersten Pferdehälfte sind, zeitgleich können Sie ein wenig in die Knie gehen und dabei ruhig ausatmen.

## Von der Außendrehung zur Innendrehung

Wenn man Pferde beobachtet, die im Round Pen trainiert werden, kann man sehr gut sehen, in welcher Beziehung sie zum Trainer stehen oder wie hoch ihr Stresspegel ist: Die meisten Pferde werden bei einem Richtungswechsel eine Außendrehung machen, sich also mit dem Pferdegesicht zum Zaun wenden. Dies ist der kürzere Weg, die Flucht von einem Objekt weg anzutreten. Wenn man aber ruhig und vertrauensvoll mit dem Pferd im Round Pen arbeitet, wird das Pferd auch eine Innendrehung einleiten, sich also zur Mitte drehen, um die Richtung zu wechseln. Dazu geht man wie bei dem normalen Richtungswechsel vor: Kurz überholen und die Linksdrehung einleiten. Die ersten Male kann man sich ein wenig (mit Abstand) zwischen Pferd und Zaun in Position bringen, das vereinfacht die Einleitung der Innendrehung.

## Einladen

Wenn Ihr Pferd gut kooperiert hat, können Sie es zum Abschluss der Übung, die nicht länger als 20 Minuten dauern sollte, zu sich nach innen einladen. Dazu gehen wir wieder von unserem Beispiel aus, dass das Pferd auf der linken Hand auf 12 Uhr steht. Sie gehen bis ca. 3 Uhr in Laufrichtung mit und lassen sich dann ein wenig zurückfallen, um sich dann in einer Halbdrehung nach rechts einzudrehen. Stellen Sie sich dabei vor, dass Sie klebrigen Honig an der Außenseite Ihres linken Armes hätten und dass Sie so das Pferd mit nach innen ziehen. Innen angekommen streicheln Sie es und lassen es neben sich ausruhen. Zum Abschluss könnte man noch drei Schritte rückwärts abfragen.

*rechts: Weichen der Hinterhand mit Hilfe.*

*unten: Druckzone für das Rückwärtsrichten, hier im ersten Versuch. Später soll die Hilfe nur ein Fingerzeig sein.*

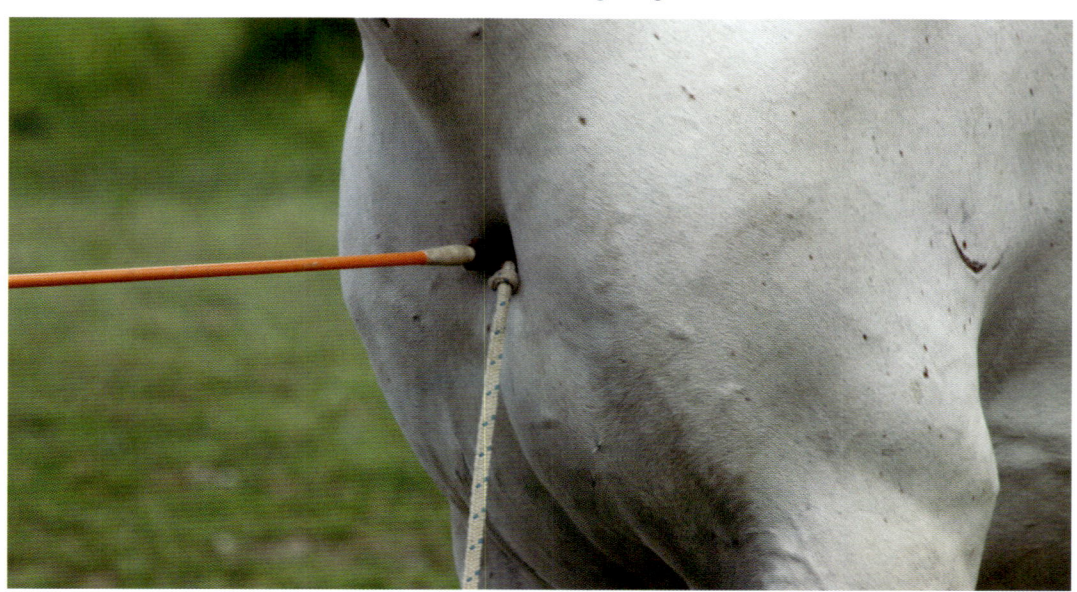

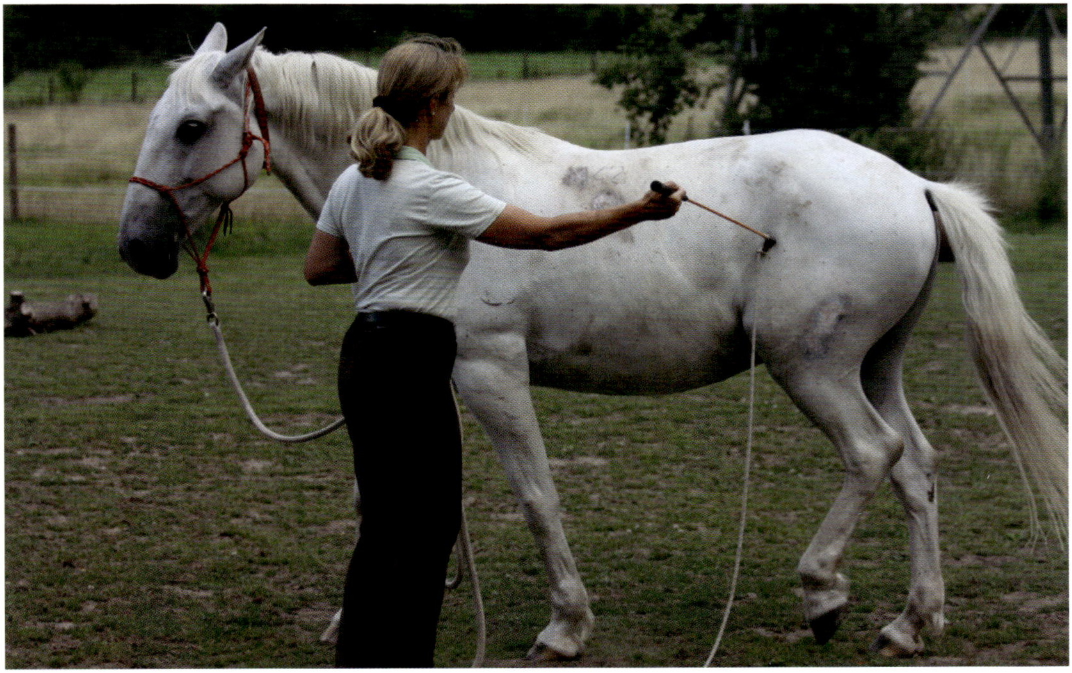

## Rückwärtrichten

Wie richtet man ein Pferd ohne Seil oder Strick rückwärts? Dass Schieben nicht gilt, haben wir schon in Kapitel 2 unter dem Abschnitt Führtraining gelernt. Im Round Pen können wir trainieren, dass unser Pferd auf einen Fingerzeig rückwärtsgeht. Selbst von ihren Besitzern als sogenannte »Büffel« bezeichnete Tiere sind nur »Büffel«, weil sich ihre Besitzer nicht die Mühe machen, an einem feinen und geordneten Rückwärtsgehen zu arbeiten. Haken Sie am Anfang der Übung noch den Strick ein. Stellen Sie sich in Richtung Pferd (Kopf an Kopf) und stellen Sie Ihr linkes Bein zwischen die Pferdebeine. Dort ist eigentlich der Individualbereich des Pferdes, deshalb wird es weichen. Kombinieren Sie das gleichzeitig mit einem Fingerzeig vor- und zurück. Geht Ihr Pferd nicht rückwärts, geben Sie etwas Druck (langsam steigernd) auf die Longe oder den Strick, bis es weicht, danach lassen Sie gleich den Druck nach. Loben Sie Ihr Pferd bei guter Ausführung und wiederholen Sie die Übung, bis Sie erste Fortschritte sehen. Nach einiger Zeit werden Sie staunen, wie gut Ihr Pferd auf einen Fingerzeig hin rückwärtsgeht. Situationsbedingt sollte man das Pferd danach kurz ausruhen lassen, denn anderweitig angewendet wird das Rückwärtstreten auch als Disziplinierung benutzt.

## Weichen der Hinterhand

Nach dem Rückwärtstreten können Sie Ihr Pferd an die Longe oder den Strick nehmen, später lassen Sie das Hilfsmittel dann weg. Das seitliche Weichen ist eine gute Vorübung auf die Seitengänge an der

Hand, die man ebenfalls im Round Pen abfragen kann. Um das Pferd seitlich weichen zu lassen, stehen Sie in Richtung Pferd (Kopf an Kopf) und nehmen entweder den Strick wie eine Stange armbreit vor den eigenen Körper oder Sie nehmen das Ende des langen Führstricks und nutzen es als Propeller. Nun geben Sie alle Energie in Richtung Hinterhand des Pferdes und warten auf den ersten Schritt zur Seite. Kommt dieser, wird das Pferd anfangs gelobt. Später setzten wir dies als gelernt voraus und loben erst nach Abschluss einer ganzen Übung.

Klappt dies auf der einen Seite, stellen wir uns auf die andere und lassen auch diese Seite weichen.

## Weichen der Vorhand

Nun üben wir den schwierigeren Part, die Vorhand weichen zu lassen: Dazu muss der Strick zu Beginn etwas länger gefasst werden, damit das Pferd Platz zum Reagieren hat. Treiben Sie nun das Pferd mit einer energischen Handbewegung von sich weg und achten dabei darauf, dass die Hinterhand stehen bleibt. Gelingt dies nicht, können Sie den langen Bodenarbeitstrick auf der rechten Seite am Pferd entlang führen (während Sie auf der linken Seite stehen) und haben somit Kontrolle über den Kopf des Pferdes und seine Hinterhand. Achten Sie jedoch darauf, dass Sie nur minimal mithelfen während Sie Druck auf das Seil geben, da Sie ansonsten nur am Pferdekopf herumziehen!

## Seitwärtsgehen

Als weitere Übung kann nun das Seitwärtsgehen aufgenommen werden. Zu Beginn können Sie die Wand des Round Pens als Hilfsmittel nutzen und haben somit eine vordere Begrenzung. Nehmen Sie die linke Hand an das Halfter, die Führposition ist ähnlich wie bei der klassischen Handarbeit. Mit einer Gerte oder dem Strick in der rechten Hand »schieben« Sie nun das Pferd leicht seitwärts. Nach dem ersten Schritt loben Sie es. Machen Sie eine kleine Pause und versuchen Sie die Übung danach erneut. Achten Sie darauf, dass Sie in einem bestimmten Takt bleiben und nicht hektisch werden. Legen Sie Wert auf die Genauigkeit der Ausführung. Der Pferdekopf soll in Laufrichtung gestellt sein und der Körper dabei längs seitwärtstreten.

## Den eigenen Stil finden

Nun haben Sie einige Übungen kennengelernt, die man mit einem Pferd im Round Pen ausführen kann. Zu überlegen ist, ob man die Prozedur des Anreitens auf 30 Minuten verkürzen muss wie beim »Join Up« oder ob man für alle genannten Punkte dem Pferd in stressfreier Umgebung mehr Zeit geben sollte. Bedenken Sie, dass nicht nur körperliche Gewalt Lernen an sich verhindert, sondern auch psychischer Stress. Und Letzteres passiert meiner Meinung nach dabei.

Ich sehe einen großen Vorteil in der Nutzung des Round Pens mit den von mir oben beschriebenen Übungen, bei denen man langsam und mit viel Zeit vorgeht. Erfolg stellt sich natürlich nicht von heute auf morgen ein, sondern ist unter Umständen ein Prozess, der sich über Jahre hinziehen kann. Doch wenn man wöchentlich seine Übungen macht und zu Beginn noch Gerte, Strick und Halfter benutzt, wird man irgendwann merken, wann der Zeitpunkt gekommen ist, »es« einfach auszuprobieren, also mit dem Pferd ohne Halfter, ohne Strick und ohne Stimmkommando im Round Pen zu arbeiten. Es ist ein wunderbarer Moment, wenn wir nur noch mit unserer Körpersprache und unserer Position im Raum dem Pferd Richtung und Geschwindigkeit vorgeben und es mit unserem Atem steuern können. Probieren Sie es einfach aus, zu oft machen wir uns von Vorgaben abhängig, wobei unser Bauchgefühl uns schon viel eher das Richtige geraten hat. Besonders Reit- oder Pferdeanfänger sind sich oft unsicher und machen lieber gar nichts, als etwas falsch zu machen. Wenn Sie aber auf die Bedürfnisse des Pferdes hören, dann werden Sie schnell merken, wann Sie aufhören oder weitermachen sollten. Nur aus Fehlern kann man auch lernen. Experimentieren Sie und finden Sie zu Ihrem eigenen Stil.

# 4

# Schulungsebene: Gewaltfreies Verladen

# 4. Schulungsebene: Gewaltfreies Verladen

## Nur Geduld!

Verladeprobleme gibt es überall auf der Welt. Was können die Ursachen sein, dass sich Pferde gar nicht oder nur schlecht verladen lassen?

Der Hauptgrund ist, dass Pferde schlechte Erfahrungen mit dem Verladen gemacht haben und unangenehme Erlebnisse damit assoziieren. Sehen wir uns das Verladen aus der Perspektive eines Pferdes an: Gerade erst auf die Welt gekommen wird das sechs Monate alte Hengst-Fohlen von seiner Mutter getrennt und in einen anderen Stall gefahren. Dann entscheidet man vielleicht, dass es kastriert werden soll und fährt es zur Klinik. Auf dem Rückweg hat es dann möglicherweise solche Schmerzen, dass es eine Kolik bekommt. Dies alles sind negative Erlebnisse, die das Pferd mit dem Verladen in Verbindung bringen kann. Dann ist es erst einmal eine Zeit lang in einem Stall untergebracht, freundet sich mit anderen Pferden an, bildet eine Herde. Aber der Besitzer muss vielleicht umziehen und das Pferd natürlich mit. Wieder wird der Transport negativ belegt: Der Hänger bedeutet dann schnell Schmerz, Abschied, Gefahr. Irgendwann kommt es zu einem ehrgeizigen Trainer, der es auf Turnieren vorstellt und weil es so talentiert ist, geht man gleich die ganze Turniersaison durch. Dafür wird es oft im Hänger verladen, Stress und körperliche Ermüdung sind diesmal dessen Begleiter. Auf einer der Fahrten steht es vielleicht noch 4 Stunden im Stau, bei Hitze, ohne Wasser und neben hupenden Lkws. Dann irgendwann kommt der Tag, an dem das Pferd vor dem Hänger steht und sich weigert, hineinzugehen. Es stemmt alle viere in den Boden und zeigt uns, dass es genug ist. Nun ist guter Rat teuer und auch der beste Trainer kann alle diese Dinge nicht ungeschehen machen. Man kann nur versuchen, mit intelligentem und gewaltfreiem Training den Hänger mit neuen positiven Dingen zu verknüpfen. Ziel soll sein, dass das Pferd von alleine entscheidet, in den Hänger zu steigen. Es hat sich in vielen Tausenden Fällen bewährt, dafür besonders viel Geduld zu haben.

## Wie geht man vor?

Zuerst schauen wir wieder auf die Ausrüstung.

### So ist der Mensch gut ausgerüstet

Zur Standardausrüstung beim Verladen empfehle ich feste Schuhe, Handschuhe und je nach Pferdetyp eine Kappe. Ein weiteres wichtiges Utensil ist die Uhr, um die Zeit im Auge zu behalten. Trainiert wird konzentriert 20 Minuten, nicht länger.

### So ist das Pferd gut ausgerüstet

Zur Arbeitserleichterung empfehle ich ein Druckhalfter (Dually-Halfter oder Geitner-Halfter). Durch den zweiten Nasenring erreicht man ein schnelleres Trainingsergebnis und bei richtiger Anwendung besteht kein Anlass zur Sorge, dass das Pferd durch das Spezialhalfter abstumpft. Des Weiteren empfiehlt es sich, das Pferd beim Verladetraining mit einem ledernen Kopfschutz auszurüsten, um die empfindlichen Kopf- und Wirbelpartien zu schützen. Ein Sicherheitsplus sind zudem Gamaschen an allen Pferdebeinen, jedoch sollten Sie das Pferd vorher an das Tragen des Beinschutzes gewöhnen. Im Training führen Sie Ihr Pferd immer an einer Longe anstatt an einem Strick, um dem Pferd genügend Leine geben zu können, ohne dabei die Kontrolle zu verlieren.

*Verladetraining unter optimalen Bedingungen.*

## Die Umgebung

Zum Training muss der Boden weich und rutschfest sein. Ideal sind Hallenböden, Sandböden des Außenplatzes oder weiche Paddockböden. Die nähere Umgebung sollte sicher umzäunt sein. Bei guten Wetterbedingungen eignet sich auch die Weide, aber bitte achten Sie dann darauf, dass das Pferd nicht ausrutschen kann. Auf keinen Fall wird auf der Straße oder auf Asphalt trainiert.

## Die Zeit

Zeit spielt beim Verladen eine wichtige Rolle. Sie müssen sie unbedingt im Auge behalten und sollten nicht länger als 20 Minuten trainieren. Idealerweise sollten Sie nicht vom Termindruck geplagt sein, denn sonst ist Ihr Verladetraining zum Scheitern verurteilt. Und Monty Roberts sagte hierzu immer: »Wenn du zehn Minuten Zeit hast, um eine Sache zu trainieren, wird es vermutlich den ganzen Tag dauern bis du am Ziel bist, hast du aber den ganzen Tag Zeit, so brauchst du wahrscheinlich nur zehn Minuten.«

## Der Sicherheitsaspekt

Beim Verladen sollte das Thema Sicherheit an erster Stelle stehen. Unser Freizeitpartner Pferd neigt als Fluchttier ab und an zu panischen Reaktionen. Deshalb sorgt der wache Blick des Pferdehalters zur rechten Zeit für Ruhe und Gelassenheit. Denken Sie »pferdisch« und überprüfen Sie das gesamte Trainingsareal auf Gefahren. Arbeiten sie wie ein Profi und checken Sie vor dem Betreten des Hängers seine Standfestigkeit. Achten Sie darauf, dass die Handbremse angezogen ist. Das verleiht

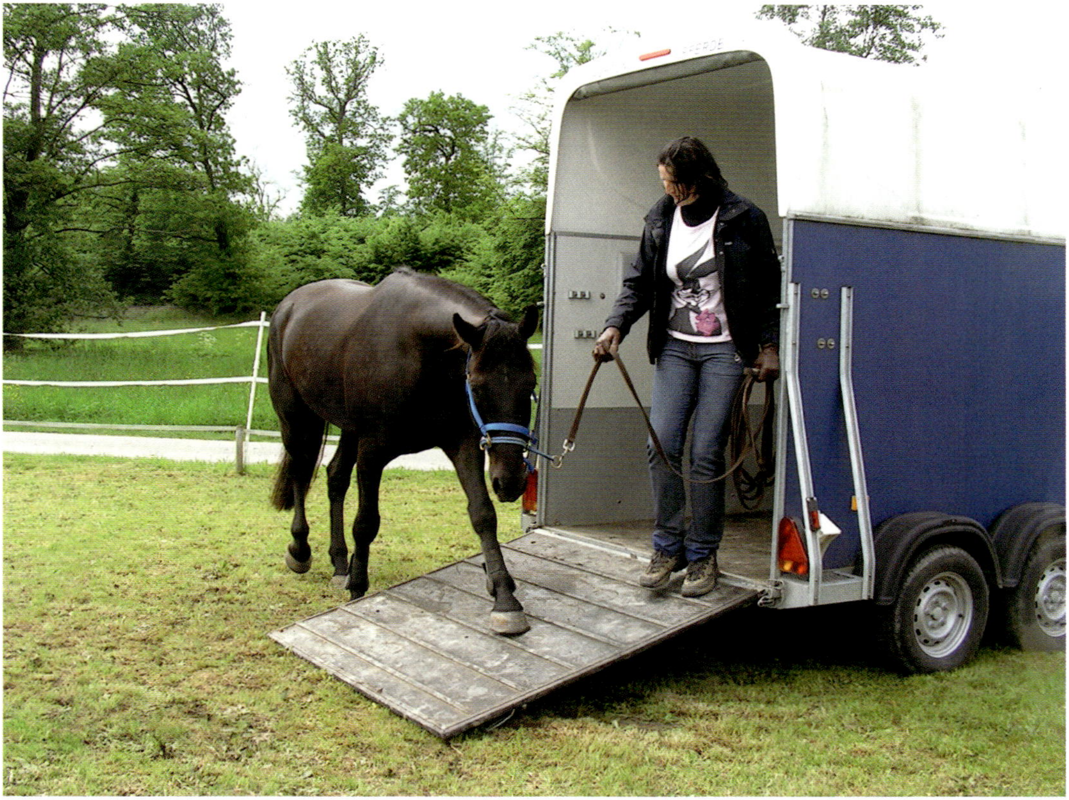

*Für das Verladen eignet sich ein Druckhalfter am besten.*

ihrer Arbeit Professionalität – und nur so sollten Sie arbeiten.

## Das Arbeits-Halfter

In meinem Buch »Verladetraining für Freizeit und Turnier« habe ich über die Vorteile eines Druckhalfters gesprochen. Mit ihm ist es möglich, eine Verlade-Methode anzuwenden, bei der man keinerlei Druck auf die Hinterhand des Pferdes ausübt. Das Druckhalfter macht meines Erachtens diese Art des

Verladens erst möglich, daher setze ich die Arbeit damit voraus.

## Aufbau und Wirkungsweise von Druckhalftern

Generell sind alle Druckhalfter so aufgebaut, dass unerwünschte Reaktionen des Pferdes mit unkomfortablen Gefühlen für das Pferd belegt werden. Das Halfter wird auf dem Nasenrücken des Pferdes

65

durch ein zusätzlich eingearbeitetes flexibles Seil verstärkt. Sie können die Longe in eine Trainingsöse einhaken. Festbinden dürfen Sie das Pferd aber niemals daran, dafür steht der normale Halfterring unter dem Kinn zur Verfügung. Geht Ihr Vierbeiner beim Führen neben Ihnen her wie gewünscht, hat das Halfter keinen Einfluss auf den Tragekomfort. Überholt oder überrennt Sie das Pferd, bringen Sie, nachdem es 2–3 m von Ihnen entfernt ist, Zug auf das Halfter. Hier gilt es, wie bei der Bodenarbeit, dosiert vorzugehen. Halten Sie nur so weit dagegen, dass Ihr Pferd einen unangenehmen Widerstand bemerkt. Was ist nun der Lerneffekt für das Pferd?

Das Pferd lernt, wie es sich selbst von Druck befreien kann. Es lernt, dass Sie seine Komfortzone sind.

## Rückwärtsgehen und Anbinden

Diese zwei Punkte sind besonders wichtig: Wenn sich das Pferd nicht anbinden lässt, kann es auch nicht im Hänger fahren. Geht es nicht rückwärts, kann es nicht ausgeladen werden. Die Übungen zum Rückwärtsrichten finden Sie in den vorangegangenen Kapiteln. Das Anbinden sollten Sie auf jeden Fall Schritt für Schritt trainieren.

*Der Pferdehänger sollte ausreichend groß sein.*

## Anbinden Schritt für Schritt

Für das Anbindetraining verwenden Sie bitte ein normales Stallhalfter und einen Strick mit einem hochwertigen Panikhaken.

Benutzen Sie zum Trainieren das Zehn-Punkte-Programm:

### Schritt von 0 nach 1
Die Situation: Ihr Pferd bleibt ruhig stehen, wenn Sie mit ihm am Anbindebalken stehen und den Strick in der Hand halten. Klappt das, loben Sie Ihr Pferd!

### Schritt von 1 nach 2
Die Situation: Ihr Pferd bleibt ruhig stehen, wenn Sie den Strick über den Balken legen (noch nicht anbinden).

### Schritt von 2 nach 3
Die Situation: Ihr Pferd bleibt ruhig stehen, wenn Sie es am Anbindebalken anbinden. Die Anbindezeit wird langsam von 30 Sekunden bis zu 30 Minuten gesteigert, das Pferd wird bei jedem Fortschritt kräftig gelobt.

### Schritt von 3 nach 4
Die Situation: Ihr Pferd bleibt ruhig stehen, wenn Sie mit ihm am Anbindebalken stehen und ein zweites Pferd, dass sicher in dieser Situation ist, steht neben Ihrem Pferd. Loben Sie Ihr Pferd!

### Schritt von 4 nach 5
Ihr Pferd bleibt alleine stehen, wenn Sie es am Anbindebalken festmachen und Sie sich langsam entfernen. Üben Sie hier langsam die Entfernung auszudehnen, bis es außer Sichtweite ist. Danach loben sie das Pferd. Haben Sie es geschafft, dass Sie sich bis zu 30 Minuten außer Sichtweite aufhalten können, haben Sie gut trainiert!

### Schritt von 5 nach 6
Die Situation: Ihr Pferd steht ruhig am Anbindebalken unter ihrer Aufsicht. Lassen Sie hinter ihm von einem Helfer ein weiteres Pferd im Trab auf- und abführen oder ein Auto vorbeifahren, damit es lernt, mit Hektik umzugehen.

*Ein Pferd muss anbindesicher sein, ob in der Stallgasse oder im Hänger.*

### Schritt von 6 nach 7
Die Situation: Ihr Pferd steht in Ihrem Beisein ruhig am Anbindebalken während ein Helfer plötzlich ein Geräusch verursacht.

### Schritt von 7 nach 8
Die Situation: Ihr Pferd steht mit Ihnen ruhig am Anbindebalken, während ein Helfer mit einer Tüte und nach einiger Übung mit einer Plane raschelt.

### Schritt von 8 nach 9
*Für das spätere Training am Hänger*
Die Situation: Wiederholen Sie nun die Schritte 1–5 im Hänger. Achten Sie auf größtmögliche Sicherheit

und brechen Sie das Training lieber etwas zu früh ab als zu spät. Die Trainingsschritte von acht bis zehn werden für Sie erst dann relevant, wenn Sie mit dem Verladetraining beginnen.

**Schritt von 9 nach 10**
*Für das spätere Training am Pferdehänger*
Die Situation: Ihr Pferd bleibt ruhig und allein im Hänger stehen, während Sie die Klappe schließen.

## So trainieren Sie sich selbst

Ihre Position, Körperhaltung und Blick am Hänger
Achten Sie auf Ihren Blick! Es wird immer noch vielen Reitern beigebracht, dass sie ihr Pferd ansehen sollen, wenn sie mit ihm arbeiten. Darauf reagiert das Pferd jedoch in 90 % der Fälle mit Zurückweichen. Das »Auge in Auge sehen« fordert das Pferd eher zur Flucht auf, da auch das Raubtier das Beutetier mit starrem Blick fixiert. Gewöhnen Sie sich daher an, Ihren Blick beim Verladen stur auf die Beine und die Hufe des Pferdes zu richten. Dies hilft Ihnen auch dabei, im richtigen Moment an der Longe nachzugeben, wenn Ihr Pferd ein Bein hebt.

### Ihre Beine
Verschaffen Sie sich einen sicheren Stand, der Sie befähigt, schnell zu reagieren. Das schaffen Sie am besten, indem Sie sich schulterbreit hinstellen. Das Fluchttier Pferd hat blitzschnelle Reaktionen und diese sind nicht immer vorausschaubar. Gerade im Hänger kann es bei heftigen Sprüngen des Pferdes recht eng werden. Hier ist Ihre Reaktionsschnelligkeit gefragt.

*In den Pausen zwischendurch Wasser und frische Luft anbieten.*

## Ihr Körper

Gehen Sie mit Ihrem Pferd auf den Hänger zu. Dabei sollte Ihre Position aufrecht und Ihr Blick nach vorn gerichtet sein. Stellen Sie sich die Situation einfach mal andersherum vor. Wenn Sie sich von jemandem führen lassen, würden Sie genau diesen Blick voraussetzen. Beobachten Sie zum Beispiel einen Lehrer, der eine Gruppe Kinder über die Straße führt. Er geht voran, beobachtet dabei im Augenwinkel aber auch, ob alle mitkommen. Ein Ausweichen in andere Richtungen und Herumtrödeln lassen sich so vermeiden.

## Im Hänger

Einige Pferde gehen lieber zu einem Menschen, der nicht aufrecht im Hänger steht. Besonders die kleineren Pferde mögen es, wenn man nicht mit dem Körper blockt und vor ihnen steht. Sie kommen eher hinein, wenn man in die Hocke geht. Variieren Sie und werden Sie kreativ, kombinieren Sie die verschiedenen Möglichkeiten. Kommt es im Training zum Stillstand, dann machen Sie wieder mehr Action. Sie können im Hänger vor- und zurückgehen, nach links und rechts.

## Geduld und Atmung

Haben Sie sich entschlossen, das Training konsequent durchzuführen, verlange ich absolute Geduld von Ihnen. Sie sind der Lehrer, Ihr Pferd der Schüler. Agieren Sie so, dass es für Ihr Pferd möglich ist, zu lernen. »Erklären« Sie auch mehrmals, wenn es sein muss. Führen Sie alle angegebenen Übungen gewissenhaft aus, denn ohne sorgfältiges Üben haben Sie nicht das Recht, Leistung von Ihrem Pferd abzufordern. Als Nächstes machen Sie sich bewusst, dass schlechte Gefühle von Ihrem Pferd wahrgenommen werden. Nicht nur an Ihrer Silhouette und ihrer Körperhaltung erkennt ihr Pferd, wie sie gerade drauf sind. Es nimmt auch war, wie schnell Ihr

Puls schlägt und wie schnell oder langsam Ihr Atem ist. Sind Sie also aufgeregt und atmen schneller, weil in Ihrem Kopf schon wieder die wildesten Abenteuer ablaufen, was heute alles Schreckliches passieren könnte, dann versuchen Sie, sich zu entspannen. Ebenso fatal ist es, wenn Sie Ihren Atem anhalten und kurz und flach atmen. Sie verkrampften sich innerlich und durch den flachen Atem wird Ihr Gehirn nicht mit ausreichend Sauerstoff versorgt. Versuchen Sie, zu einer ruhigen und gleichmäßigen Atmung zu kommen. Durch die Atem-Übungen werden Sie sich schnell entspannen und ein erfolgreiches Verladetraining kann beginnen.

## Entspannung durch Atmung

Entspannung erreicht man durch richtiges und bewusstes Atmen. Atmen ist weitaus mehr, als nur

*Mit einem Frontausstieg für Pferde wird das Training leichter.*

Luft zu holen. Gefühle von Enge, Atemlosigkeit und Angst können Folgen von falschem Atmen sein. Der Atem ist Spiegel der Seele und des körperlichen Befindens. Eine richtige Atem-Technik verbessert alle Lebensfunktionen. Sie hat einen positiven Einfluss auf den Spannungs-Zustand der Muskulatur – natürlich auch beim Pferd. Bedenken Sie dies bei zugeschnürten Mäulern durch Sperrriemen! Deshalb merken Pferde auch durch den Sattel, wenn wir Angst haben. Richtige Atmung unterstützt ihr Wohlbefinden und hilft ihnen bei der Bewältigung von schwierigen und stressigen Situationen. Wir atmen ein, um das Gehirn mit Sauerstoff zu versorgen. Richtiges Atmen kann einen Zustand ängstlicher Erregung in einen Zustand relativer Ruhe und Gelassenheit verwandeln – nicht zuletzt, um den Körper von vielen negativen Auswirkungen vom falschen Atmen und Angst zu befreien. Denken Sie daran, dass verkrampftes, kurzes und flaches Atmen ebenso wie schneller Pulsschlag von Pferden wahrgenommen wird, was diese wiederum auch in Panik versetzen kann, da die Atmung ein Kommunikationsmittel unter Pferden ist.

**Atemübung:**
**Der Atem ist der Anfang allen Lebens!**
In der asiatischen Kampfkunst spielt die richtige Atemtechnik eine übergeordnete Rolle. Sie hilft, die richtige Konzentration einzuleiten. Sie entscheidet über Sieg oder Niederlage. Der Gegner kann eine Person sein, aber auch die Ängste und Sorgen im Kämpfer. Die Zen-Atmung zielt in erster Linie darauf ab, einen langsamen, kraftvollen und natürlichen Atemrhythmus zu schaffen. Setzen Sie sich an die frische Luft und atmen Sie tief und langsam durch die Nase ein und aus. Dabei konzentrieren Sie sich ganz auf Ihre Empfindungen und Sinneseindrücke. Nach fünf Minuten wiederholen Sie das Ganze noch einmal und machen einen tiefen Atemzug. Nun ist Ihr Gehirn wieder frisch mit Sauerstoff versorgt und es kann losgehen.

## Verladen nach der Kiki-Kaltwasser-Technik

Allein die Technik macht's! Haben Sie einmal die Grundzüge dieser Varianten verstanden, können Sie fast jedes Pferd verladen. Kombinieren Sie die Möglichkeiten und agieren Sie kreativ am und im Hänger.

### Die Vorwärts-Rückwärts-Variante

Wie bereits erklärt, denke ich, dass man Pferde nicht in bestimmte Schubladen stecken kann und somit auch keine Pauschallösungen für Probleme gegeben werden können. Ich habe mein Verladetraining in drei Varianten unterteilt, die ich je nach Pferdetyp anwende und kombiniere. Meine bevorzugte Methode, ein schwieriges Pferd innerhalb kürzester Zeit in den Hänger zu bringen, ist die »Vorwärts-Rückwärts-Variante«. Voraussetzung hierfür ist natürlich, dass im Vorfeld die medizinische Seite abgeklärt ist, dass das Pferd anbindesicher ist, sich durchlässig rückwärts richten lässt und den Umgang mit dem Druckhalfter kennt.

Letzteres lässt sich mit gezielten Führungsübungen relativ schnell erreichen (siehe Kapitel 2 »Führen und Führtraining«). Funktionieren wird diese Methode jedoch nur, wenn Sie in der Lage sind, schnell und konsequent zu reagieren. Es muss so viel Druck durch das Rückwärtsrichten aufgebaut werden, dass das Pferd von sich aus nach vorne gehen will – letztlich bis in den Hänger hinein. Wenn Sie diese Übung das erste Mal mit ihrem Pferd durchführen, dann müssen Sie das Training unbedingt beenden, sobald Ihr Pferd einmal im Hänger war. Nur wenige schaffen es, das zweite Mal ebenso viel Druck aufzu-

*Verschaffen Sie dem Pferd erst Bewegung, bevor Sie am Hänger trainieren!*

bauen, dass ihr Pferd ihnen folgen wird. Außerdem ist damit für die erste Trainingseinheit das Ziel erreicht. Erfahrungsgemäß ist es ein guter Einstieg für alle Pferde, die sich nicht aus medizinischen Gründen weigern. Einmal stressfrei und zügig den Hänger bestiegen, kann der Verlade-Knoten bei Ihrem Pferd schon gelöst sein. Somit haben Sie den Grundstein für die weitere Arbeit am Hänger gelegt. Ganz konzentriert führe ich mein Pferd auf den Trainingsplatz. Nach dem Umrunden des Hänger stelle ich mich mit dem Pferd in ungefähr

fünf Meter Entfernung der Rampe auf und der Verlade-Tango beginnt. »Tango« nenne ich es deshalb, weil auch ein Verladetraining harmonisch aussehen kann. Mit leichten Hilfen, die stärker werden wenn das Pferd nicht reagiert, lasse ich es drei Schritte rückwärtsgehen. Durch ein kurzes Streicheln am Kopf oder Hals lobe ich das Pferd. Aus dieser Rückwärtsbewegung fordere ich das Pferd auf, sofort vier Schritte vorwärtszugehen. Nach dem vierten Schritt passe ich genau den Moment ab, in dem ein Vorderbein noch in der Luft ist, um es dar-

*Üben Sie das Come Along abseits vom Pferdehänger.*

aufhin sofort wieder vier Schritte rückwärtszurichten. Danach geht es wieder fünf Schritte vorwärts. So bewegen wir uns das erste Mal in Richtung Anhängerrampe. Denken Sie daran, die Schritte immer zu variieren. Mal sind es drei, mal vier, mal fünf Schritte, um Ihr Pferd aufmerksam zu halten. Kurz vor der Rampe angelangt, richten Sie Ihr Pferd 6–7 Schritte zurück. Gehen Sie dann in kleinen Einheiten also ein, zwei oder drei Schritte im Vorwärts-Rückwärts-Takt auf die Rampe zu. Haben Sie den Eindruck, Ihr Pferd geht flüssig mit, machen Sie den ersten Versuch, auf die Rampe und in den Hänger zu gehen. Ihre Körperhaltung ist dabei aufrecht und der Blick ist auf die Vorderbeine gerichtet. Während der gesamten Vorwärts-Rückwärts-Übung stehen Sie vor dem Kopf Ihres Pferdes und kontrollieren somit jede seiner Bewegungen. Also gehen Sie bei den Vorwärtsbewegungen ihres Pferdes rückwärts. Trainieren Sie vorher, ohne Pferd rückwärts auf die Rampe zu gehen, damit Sie später nicht stolpern. Auch für uns Menschen ist es schwierig, eine gute Koordination im Rückwärtsgang zu haben. Der ganze Bewegungsablauf muss wie aus einem Guss sein. Achten Sie darauf, dass Ihr Pferd gerade rückwärtsgeht. Merken Sie, dass Ihr Trainingspferd beim ersten Versuch noch nicht mit auf die Rampe geht, beginnt der Vorwärts-Rückwärts-Tango von vorn. Auch hier ist die magische drei die obere Grenze der Versuche. Hat es bis dahin noch nicht funktioniert, haben Sie entweder etwas falsch gemacht oder Sie müssen eine andere Variante mit Ihrem Pferd ausprobieren.

## Die Come Along-Variante

Das Come Along ist eine Vorübung für die Arbeit am Hänger. Ziel ist es, dass das Pferd lernt, auf Ihren Blick zu reagieren. Voraussetzung dafür ist, dass der Ausbilder seine Augenbewegungen unter Kontrolle hat und nicht plötzlich den Blick ins Unendliche schweifen lässt. Zur Vereinfachung können Sie am Anfang mit einem Helfer trainieren. Stellen Sie sich frontal vor Ihr Pferd, die Longe in der rechten oder linken Hand und in der entsprechenden Seite am Druckhalfter eingehakt. Ein Helfer hält das Pferd an seinem Platz, während Sie sich nun rückwärts ein Stück entfernen. Verlängern Sie die Longe so, dass sie ein wenig durchhängt. Später werden Sie Ihr Pferd dazu bringen, dass es durch Ihren Blick an seinem Platz stehen bleibt. Ihr Blicke soll ein Signal für Stopp sein. Wenn Sie ungefähr drei Meter von ihrem Pferd entfernt sind, lassen Sie ihre Augen langsam vom Kopf des Pferdes auf seine Vorderhufe wandern. Dabei straffen Sie die Longe etwas, und der Helfer lässt das Pferd los. Es sollte sich nun auf Sie zu bewegen und vor Ihnen anhalten. Dabei wickeln Sie die Longe wieder so weit auf, dass Sie diese wie bei der Grund-Führ-Position tragen. Loben Sie Ihr Pferd ausgiebig. Haben Sie keinen Helfer, so entfernen Sie sich immer nur schrittweise von ihrem Pferd. Immer wenn Ihr Pferd ohne Ihre Aufforderung einen Schritt vorwärts macht, müssen Sie es rückwärtstreten lassen, bis zu dem Punkt, an dem es stehen bleiben sollte. Führen Sie das konsequent durch, wird Ihr

Pferd bald verstehen, dass es reine Energieverschwendung ist, unaufgefordert zu Ihnen zu kommen. Funktioniert die Übung nicht so gut, bitten Sie Ihren Helfer darum, Ihren Blick zu kontrollieren. Vielleicht sehen Sie eventuell schon vorher kurz woanders hin oder Sie wandern zu schnell mit den Augen in Richtung Hufe. Diese Übung können Sie drei- bis viermal an einem Tag wiederholen.

## Das Pferd am Hänger

Wie sie bei der Come Along-Variante agieren: Das zahlt sich besonders bei Pferden aus, die als »Ranholer« typisiert sind, das sind Pferde, die gerne mit der Longe herangeholt werden. Übertragen Sie die oben beschriebene Übung nun an den Hänger. Arbeiten Sie sich von der Position vor der Rampe in den Innenraum. Zu Beginn stehen Sie mit Ihrem Pferd vor der Rampe. Holen Sie beim ersten Mal Ihr Pferd bis zur Rampe und loben es dort. Danach gehen Sie in den Hänger und fordern Ihr Pferd auf, von der Rampe bis in den Hänger zu gehen. Geht es sofort hinein, loben Sie es ausgiebig und das Training ist für diesen Tag beendet. Geht es nicht hinein, wiederholen Sie die Übung noch zwei- bis dreimal vor der Rampe und machen dann noch einen Versuch, in den Hänger zu gehen. Funktioniert das immer noch nicht, geben Sie Ihrem Pferd bei noch drei weiteren Trainingseinheiten in den folgenden Tagen Gelegenheit zur Kooperation. Sind Sie danach immer noch erfolglos, müssen Sie Ihr Trainingskonzept umstellen und eine andere Variante versuchen, wie zum Beispiel die Vorwärts-Rückwärts-Variante.

## Die Freie Variante

Die freie Variante ist, wie der Name schon andeutet, der »Freestyle« unter den drei Verladevarianten, mit denen ich arbeite. Will sich ein Pferd unter keinen Umständen verladen lassen oder braucht es etwas länger Zeit, um die Situation umzusetzen, arbeite ich nach dieser Methode. Dabei hilft mir wieder das Druckhalter. Das Grundprinzip ist: Jeder Schritt nach vorn wird durch Nachgeben und Loben positiv belegt, jeder Schritt nach hinten hat unangenehme Konsequenzen. Das Halfter übt Druck aus. Dabei gehe ich auf den Charakter des Pferdes ein. Reagiert es empfindlich auf Druck, lasse ich ihn fast völlig weg. Manche Pferde benötigen etwas mehr Druck und weniger Zeit – das bedeutet, man muss schnell am Hänger agieren. Viele von Ihnen werden vielleicht nun sagen »Ja, so habe ich es auch schon versucht!« Der Unterschied liegt aber darin, dass Sie bei der hier beschriebenen Variante nicht im Hänger stehen und abwarten, bis Ihr Pferd einsteigt, sondern dass Sie hier ganz aktiv vorarbeiten müssen. Um zu verdeutlichen, wie die freie Variante funktioniert, gebe ich ein Beispiel: Ein Pferd steht vor dem Hänger und stemmt alle Viere in den Sand. Ich befinde mich im Hänger ohne Trennwand mit Blickrichtung auf die Pferdebeine. Langsam nehme ich die Longe an. Dadurch wird Druck auf das Halfter ausgeübt. Zum Test gebe ich nach und ziehe dann wieder an, damit das Pferd den Unterschied spürt. Wichtig ist, dass sie ganz fein mit kleinsten Hilfen und Druck arbeiten. Steht das Pferd weiter vor der Rampe und es passiert nichts, gehe ich im Hänger von rechts nach links. Dabei führe ich mit der Longe den Kopf des Pferdes mit, sodass es mir im Blick folgen muss. Wenn es nun einen Schritt nach vorne macht, dann bleibe ich stehen und lobe es. Dann fordere ich den nächsten Schritt ab. Immer gebe ich Druck auf das Halfter. Ich variiere in der Stärke und auch in der Art. Teilweise halte ich den Druck konstant oder ich zupfe leicht an der Longe, um ein unangenehmes Gefühl am Halfter zu erzeugen. Dieses Zupfen scheint besonders nervig für das Pferd zu sein, denn die meisten Pferde reagieren darauf sehr gut. Mit der Zeit und verschiedenen

Versuchen, werden Sie lernen, Ihr Pferd einzuschätzen. Glauben Sie mir, Sie sehen mit etwas Übung, wann wie viel Druck nötig ist. Trotzdem gibt es ein paar Grundregeln, die Sie unbedingt beachten müssen, denn zu viel oder falscher Druck zur unpassenden Zeit veranlasst Ihr Pferd sofort wieder dazu, rückwärtszugehen. Dies kann auch passieren, wenn es schon zur Hälfte im Hänger steht. Sie müssen unbedingt mit der Longe nachgeben und das Pferd sofort emotionslos zurückrichten, um dann die Übung erneut aufzubauen. Befreien sie sich von der Denkweise: »Jetzt war er aber doch schon so weit drin.« Egal! Mit der neu aufgebauten Übung erreichen Sie schneller Ihr Ziel und geben dem Pferd das Gefühl, dass Sie wirklich wissen, was Sie tun.

## Das Pferd am Hänger
Wie Sie bei der freien Variante agieren:

### Kopf des Pferdes
Ist der Pferdekopf weit oben, wird der Druck ganz weggenommen und erst wieder aufgebaut, wenn das Pferd den Kopf nach unten nimmt.
Ist der Pferdekopf unten am Boden, wird der Druck kurz nachgelassen und danach gesteigert.
Ist der Kopf in waagerechter Position, wird der Druck langsam aufgebaut.
Dreht sich der Pferdekopf zur Seite, wird er sanft wieder herangezogen und die Konzentration des Pferdes erneut auf sich gelenkt.
Schwenkt der Kopf hoch und runter, wird nur wenig Druck aufgebaut und eventuell die Longe in den Trainingsring auf der anderen Seite oder sogar unter dem Kinn eingehakt. Seien Sie erfinderisch und probieren Sie aus, worauf Ihr Pferd am besten anspricht!

### Pferdebeine
Hebt sich ein Bein, wird der Druck nachgelassen und

achten Sie auch auf die Hinterbeine! Stellt das Pferd sein Bein wieder hin, kann Druck aufgebaut werden. Erfolgt ein Schritt nach vorn, sollte das Pferd gelobt und ihm eine Pause gegönnt werden.

Beobachten Sie das Tier genau, bereits ein Muskelzucken kann das Anheben eines Beines ankündigen. Mit der Zeit werden Sie Erfahrung darin bekommen, wann Sie wie zu reagieren haben.

### Pferdekörper

Steigt das Pferd am oder im Hänger, muss der Druck sofort nachgelassen werden, damit das Pferd sich keinesfalls überschlägt.

Stampft es mit den Hufen auf die Rampe, kann dies kurz zugelassen werden. Danach folgt meist der erste Schritt auf die Rampe. Ich nenne dieses Verhalten »Prüfen«.

Läuft das Pferd seitwärts vorbei, trainieren Sie unbedingt mit einer Strohballengasse.

## Checkliste Verlade-Regeln

### Pferd

- Benutzen Sie ein Spezialhalfter (Druckhalter).
- Trainiert wird nur an der Longe, nicht am Strick.
- Rüsten Sie Ihr Pferd mit Gamaschen aus.
- Das Pferd trägt, wenn möglich, eine Leder-Verladekappe, die die empfindlichen Kopfpartien schützt.

### Übungsplatz

- Trainiert wird nur in einer sicheren, umzäunten Umgebung.
- Der Untergrund des Übungsplatzes ist weich und rutschfest.

### Methode

- Es wird kein Druck auf die Hinterhand des Pferdes ausgeübt.

- Trainiert werden höchstens 20 Minuten am Tag.
- Das Pferd wird emotionslos korrigiert.
- Das Pferd wird viel gelobt.

### Trainer

- Er trägt Handschuhe, Sicherheitsschuhe mit Stahlkappen und eventuell eine Kappe.
- Vor dem Training wird ein kurzer Sicherheitscheck an Auto und Hänger durchgeführt.
- Fragen Sie sich vor jedem Training, ob Sie sich heute in der Lage fühlen, Ihr Pferd gut zu trainieren.
- Bringen Sie für das Training genügend Zeit mit.
- Arbeiten Sie lieber kürzer und dafür konzentrierter.

## Was-Wenn-Nachschlagewerk

### Mein Pferd läuft am Hänger vorbei.

Bauen Sie für das Training mit dem Ausbrecher auf jeden Fall eine Strohballengasse vor dem Hänger auf, die Sie und das Pferd auf den Hänger zuführt. Achten Sie darauf, dass Ihnen Ihr Pferd folgt. Will es ausbrechen, richten Sie es einige Schritte rückwärts. Loben Sie es, wenn es an den ehemals riskanten Stellen artig neben Ihnen geht. Sehen Sie auch nochmals unter dem Abschnitt »Führtraining« nach.

### Mein Pferd steht stundenlang mit den Vorderbeinen auf der Rampe.

Scheint ihr Pferd in Beton gegossen zu sein, wenn es erst einmal die beiden Vorderbeinen auf der Rampe hat, gilt es hier, diese Position unangenehm zu gestalten. Arbeiten Sie mit wenig Druck – Nehmen Sie die Longe beständig an und geben dann wieder nach. Dabei gehen Sie im Hänger hin und her, arbeiten Sie sich in kleinen Schritten von rechts an die linke Hängerwand heran. Achten Sie dabei darauf, dass Ihnen das Pferd immer mit dem Kopf folgt. Bald wird dies dem Pferd zu unangenehm und ein erster Schritt wird folgen. Achten Sie ganz genau auf das kleinste Muskelzucken der Vorderbeine. Wenn Sie erkennen, dass Ihr Pferd vorwärtsgehen will, bleiben Sie zur Belohnung stehen.

## Mein Pferd ist nach der Fahrt völlig nass geschwitzt.

Im Hänger zu fahren bedeutet immer Stress für Pferde, selbst wenn sie scheinbar gelassen den Transport über sich ergehen lassen. Ist Ihr Pferd nach jeder Fahrt schweißnass, müssen Sie unbedingt für einen Flüssigkeitsausgleich sorgen, sonst können Folgeerkrankungen eintreten. Achten Sie darauf, immer eine leichte Decke mitzunehmen, damit sich Ihr Pferd beim Ausladen nicht unterkühlt. Trainieren Sie öfter und fahren Sie dabei kleinere Strecken. Hilfreich ist es, wenn Sie Ihr Pferd zum Beispiel von Weide zu Weide fahren können.

## Mein Pferd geht nur schräg rückwärts.

Üben Sie unbedingt bei der Bodenarbeit, das Pferd gerade rückwärtszurichten. Beherrscht Ihr Pferd dies am Boden, ist es kein Problem, das auch an der Rampe umzusetzen. Trainieren Sie am Anhänger mit Strohballen, das erschwert Ihrem Pferd den Seitwärtsdrang. Problematisch wird es für die Rückwärtsgeher immer dann, wenn sie mit einem Bein oder Huf von der Rampe rutschen und somit das Gleichgewicht verlieren. Geben Sie dann auf jeden Fall an der Longe nach. Ziehen Sie störend daran, wird Ihr Pferd weiter aus dem Gleichgewicht gebracht und sich unter Umständen erheblich verletzen.

## Ich muss ein verletztes Pferd verladen.

Halten Sie vorab unbedingt Rücksprache mit dem Tierarzt, bevor Sie ein verletztes Pferd verladen. Versorgen Sie Ihr Pferd dann so weit, dass Sie es verladen können. Bedenken Sie auch hier die Gefahr, dass Ihr Pferd kollabieren kann. Muss Ihr Pferd sediert werden, ist der Transport sehr risikoreich, da sich ein sediertes Pferd kaum noch oder gar nicht ausbalancieren kann. Bei einem Sturz kann es sich schwer verletzen. Ziehen Sie auf jeden Fall einen Tierarzt hinzu und verabreichen Sie eventuell Bachblüten-Tropfen.

## Mein Pferd reißt sich beim Führen vor, am, oder im Hänger los.

Üben Sie das Führen zunächst bei der Bodenarbeit. Macht Ihr Pferd dann noch einen Versuch, sich loszureißen, geben Sie ihm etwas Longe, damit es sich 2–3 Meter neben Ihnen austoben kann. Nach ein paar Sekunden geben Sie langsam Druck auf die Longe und holen Ihr Pferd wieder zu sich heran. Verdutzt wird es feststellen, dass es immer noch mit der Longe mit Ihnen verbunden ist. Steht es nun ruhig neben Ihnen, loben Sie es. Tobt Ihr Pferd aber vehement am anderen Ende der Longe, muss es sich erst einmal abreagieren. Lassen Sie es 5–8 Runden und maximal zwei Minuten an der Longe ruhig galoppieren, natürlich nur auf geeignetem Boden. Schnell wird sich Ihr Pferd wieder auf die Schonung seiner Ressourcen besinnen und in ruhigen Schritt fallen. Loben Sie es und lassen Sie das Pferd ein paar Sekunden ausruhen. Gehen Sie dann wieder los und umrunden Sie den Hänger zwei- bis dreimal von beiden Seiten, bis sie wieder ein harmonisches Miteinander aufgebaut haben.

# 5

# Trainingsebene: Was Pferdeflüsterer wissen ...

# 5. Trainingsebene: Was Pferdeflüsterer wissen ...

### ... über Stresssignale beim Pferd von A-Z

Immer wieder kommt es vor, dass man als Pferdeverhaltenstherapeut zu einem Kunden gerufen wird, dessen Pferd angeblich problematisch ist. Wenn man dann genauer hinsieht, entdeckt man klassische Symptome von Stress. Nicht nur Menschen im Büroalltag geraten in Stresssituationen, sondern auch Pferde können aufgrund verschiedener Faktoren in diesen Teufelskreis geraten. Hier finden Sie verschiedene Signale und Situationen, die es zu vermeiden gilt.

### Aggression/Autoaggression

Bei Aggressionen muss zunächst unterschieden werden, ob es sich um Aggressionen gegen andere oder gegen sich selbst handelt. Letzterer Fall, die Autoaggression, ist eine echte Verhaltensstörung und gehört in die Hände von Profis. Verschiedene Ursachen wie zu frühes Absetzten, traumatisches Absetzten, falsche Prägung, nicht artgerechte Haltungsbedingungen oder zu hartes Training können der Auslöser für Autoaggression sein. Aggression gegen andere kommt meistens aufgrund zu kleiner Weiden, Paddocks und dergleichen zustande.

### Apathie

Steht Ihr Pferd lustlos herum, wirkt es in sich gekehrt oder verschlossen, kann dies eine heimliche Stressreaktion sein. Beobachten Sie Pferdetrainer ganz genau – zum Beispiel beim Schrecktraining. Hier kommt es oft vor, dass das Pferd schweißnass neben dem Trainer steht, weil es sich über eine Tüte aufregt, die der Trainer in der Hand hält. Plötzlich kann man dann beobachten, dass das Pferd stillsteht und die Tüte zu akzeptieren scheint. Meistens ist es jedoch der Fall, dass das Pferd in einen Modus verfällt, den wir »learned helplessness« nennen. Das Pferd gibt resigniert auf und kehrt sich nach innen. Der andere Fall der Apathie kann sein, dass sich zum Beispiel eine Kolik anbahnt. Rufen Sie in dem Fall immer einen Tierarzt.

### Boxenlaufen

Boxenlaufen ist eine Verhaltensstörung, bei der das Pferd rastlos durch seine Box wandert oder am Zaun auf und ab läuft. Meist ist es gekoppelt mit einem Zungenspiel – dabei bauen die Pferde Stress ab. Man kann das häufig bei Vollblütern nach dem Absetzen oder nach langer Boxenruhe beobachten. Ziehen Sie auf jeden Fall einen Pferde-Verhaltenstherapeuten zur Korrektur hinzu und verändern Sie die Haltungsbedingungen!

### Dauerdurchfall

Wie beim Menschen besitzt auch der Pferdedarm viele Millionen Nervenzellen, die bei Stress über das vegetative Nervensystem beeinflusst werden. Stress spannt die Darmmuskeln an, die den Futterbrei schneller durchfließen lassen und so dem Futter weniger Wasser entziehen. Berechnen Sie die Ration des Pferdes genau. Hat es evtl. Brot bekommen, zu viel süße Leckerlis gefressen oder eine abrupte Futterumstellung hinter sich?

### Gähnen

Neben der Müdigkeit kann Gähnen dem Pferd auch dabei helfen, sich zu entspannen. Häufig passiert dies nach einem konzentriertem Training oder in

oben: Gähnen kann neben einfacher Müdigkeit unterschiedliche Ursachen haben.

rechts: Hautleiden und Ekzeme können auch ein Symptom für Stress sein.

Kliniken als Reaktion auf ungewohnte Umgebung oder sogar Schmerz. Gehen Sie der Ursache auf den Grund, wenn sich das Gähnen ungewöhnlich oft zeigt.

## Hautleiden

Ähnlich wie bei Menschen kann ein Hautleiden ein Symptom für chronischen Stress sein. Ebenso kann übermäßiges Waschen mit nicht geeigneten Mitteln Hautleiden hervorrufen. Verwenden Sie zum Waschen des Pferdes nur spezielle Mittel – wie zum Beispiel Paul Mitchell Pet.

### Holzkauen

Oft wird gesagt, dass Holzkauen oder das Kauen an Bäumen Raufuttermangel bedeutet. Dies kann eine Ursache sein – meistens steckt jedoch noch Stress oder auch Unterbeschäftigung dahinter.

### Infektionen

Ist ein Pferd ständig krank oder wird nur schleppend gesund, ist auf jeden Fall das Immunsystem geschwächt. Meist ist es das Stresshormon Cortison, das an die weißen Blutkörperchen andockt und deren Aktivität bremst. Lassen Sie von Ihrem Tierarzt ein großes Blutbild machen, optimieren Sie die Futterration und sorgen Sie für genügend Bewegung an frischer Luft.

### Kolik

Wenn Stress der Auslöser einer Kolik ist, stört das vegetative Nervensystem die Darmfunktion. Achten Sie darauf, dass der Tierarzt oder die Tierklinik eine ganzheitliche Beratung vornimmt. Viel zu oft wird die Kolik an sich als Symptom behandelt, jedoch die dahinter steckende Ursache nicht erkannt.

### Koppen

Koppen ist eine Verhaltensstörung. Bei koppenden Pferden findet man eine hohe Menge der Antistressdroge Endorphin im Blut. Sie mindert ebenso wie bei anderen Stereotypien (Boxenlaufen, Weben, Schweif- und Zähnewetzen, Zungenspielen) den Stress. Koppt das Pferd, so beruhigt sich die Herzfrequenz. Hindert man es am Koppen, steigt der Stresspegel wieder und das Cortisol steigt. Ursachen hierfür sind gravierende Mängel in der Haltung, Fütterung oder zu hartes Training. Ebenso könnte falsches Absetzen der Grund fürs Koppen sein.

### Leerkauen

Leerkauen signalisiert Unterwürfigkeit. Es besänftigt den Gegner und entspannt den Kauenden. Es ist meistens in der Herde zu beobachten oder während des Trainings. Meist kommt es auch dann vor, wenn das Pferd seinem Trieb zu fliehen nicht nachgehen kann.

### Magengeschwüre

Bei Stress steigt die Säureproduktion im Magen, gleichzeitig verengen sich Blutgefäße an der Magenschleimhaut, die eigentlich eine Schutzfunktion haben. Beide Faktoren führen nun dazu, dass die Säure Löcher in den Magen fressen kann. Die Ursachen sind meist extremer Stress im Training oder wenn Pferde über vier Stunden ohne Raufutter auskommen müssen. Man geht davon aus, dass 80 % der Dressurpferde an Magengeschwüren leiden, bei Renn-Pferden liegt der Prozentsatz sogar noch höher. Bereits Fohlen können betroffen sein!

### Panik

Einige Pferde zeigen Stress, indem sie dauernd wie unter Strom wirken. Sie erschrecken sich bei jeder Kleinigkeit und erstarren. Versuchen Sie herauszufinden, woran das liegt. Eine eingeschränkte Sehfunktion, eingeschränkte Hörfunktion, eine nicht ausgewogene Futterration oder Fehler in Training und Umgang können die Ursachen für Panikattacken sein.

### Parasiten

Ist Ihr Pferd besonders anfällig für Würmer, Milben oder Haarlinge, so kann dies ebenfalls ein Zeichen für Stress sein. Jedoch nur, sofern Hygiene und Fütterung stimmen. Optimieren Sie Haltung und Fütterung und geben Sie Ihrem Pferd entsprechenden Auslauf auf der Weide. Führen Sie 3–4 Wurmkuren pro Jahr durch!

*Betrachten Sie Ihr Pferd einmal aus einem anderen Blickwinkel. Das kann Aufschluss über Verspannungen geben.*

Reserven angegriffen und der Stoffwechsel sowie der Energieverbrauch erhöht. Prüfen Sie, unter welchem Stress Ihr Pferd leiden könnte und verschaffen Sie ihm ausreichend Bewegung. Optimieren Sie die Futterration.

## Verspannung

Leidet Ihr Pferd unter Dauerstress, verkrampften sich die Muskeln an Schultern, Rücken, Nüstern und Maul. Reiten in absoluter Aufrichtung mit peitschendem Schweif und unregelmäßigem Atem stressen das Pferd auf Dauer total. Ebenso können falsches Aufwärmtraining oder ein nicht passender Sattel die Ursachen für Verspannungen sein.

## Weben

Wenn Ihr Pferd von einem Vorderbein auf das andere tritt, ist dies eine Verhaltensstörung und dient als Stressbremse (siehe auch unter dem Abschnitt »Koppen«).

## Wundheilung

Schon lange haben Ärzte beobachtet, dass Stress eine Wundheilung verlangsamt. Stresshormone unterdrücken das Immunsystem, das normalerweise dafür sorgt, dass der Körper Wunden schnell schließt. Stellen Sie die Stressursache ab und versuchen Sie, Wunden mit medizinischem Honig zu schließen.

## Zähnewetzen

Wetzt Ihr Pferd seine Zähne an Boxenstäben oder Anbindestangen, baut es mit diesem Verhalten Stress ab. Manche knirschen mit den Zähnen, zerna-

## Scharren

Hampelt oder scharrt Ihr Pferd andauernd herum, zeigt es damit deutlichen Stress, den es nicht durch Bewegung abbauen kann. Passiert dies vorm Füttern, fühlt es sich belohnt – so entsteht schnell ein Betteln daraus. Es kann also ebenfalls ein Zeichen von falschem Training sein.

## Schwerfuttrigkeit

Stress kann den Pferdekörper in einen ständigen Fluchtmodus versetzen. So werden andauernd die

gen Stricke oder kauen übertrieben auf dem Trensengebiss. Dies kann zur Stereotypie werden (siehe unter »Verhaltensstörungen«). Bei jeder Verhaltensstörung müssen Sie Fütterung, Haltung und Training checken.

## Zungenspiele

Lecken oder Zunge-baumeln-lassen kann sogar zu Stereotypie werden und ist ein Zeichen von Stress. Überprüfen Sie die Zäumung und das Training. Lassen Sie sich gegebenenfalls von einem erfahrenen Trainer helfen.

## ... wie Probleme schnell beseitigt werden

### Einfangen

Wenn Sie Probleme beim Einfangen Ihres Pferdes haben, so haben Sie eine Zeit lang eine falsche Verknüpfung etabliert. Leichte Fälle können Sie auf der Koppel korrigieren. Gehen Sie dabei so vor: Legen Sie sich ein rotes Seil oder einen roten Strick um den Hals und gehen Sie damit in Schlangenlinien auf Ihr Pferd zu. Sind Sie nah genug herangekommen, legen Sie den Strick locker über den Hals des Pferdes und bleiben dort stehen, wo Sie sind. Lassen Sie das Pferd ein wenig grasen und kraulen Sie es dabei. So unterbrechen Sie die negative Verknüpfung »Halftern = zur Arbeit gehen«.

### Anbinden

Achten Sie darauf, dass Ihr Pferd vor dem Anbindetraining ausreichend Bewegung hatte, nur so können Sie es ihm erleichtern, stillzustehen. Bei Fohlen und Absetzern können Sie das Anbinden am Bauchgurt der Mutterstute üben. Der Strick sollte so kurz sein, dass sich das Pferd nicht dem anderen Pferd verhaspeln kann. Später üben Sie mit einem Kumpel am Anbindeplatz. Diese Stelle sollte einge-

*Zungenspiele können Zeichen von Stress sein.*

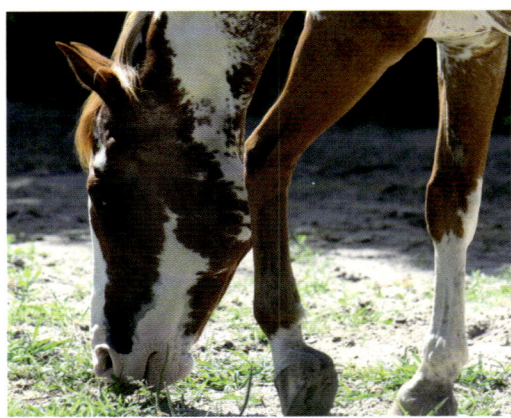

*Ist das Grün schöner, als eingefangen zu werden, hilft nur Übung!*

zäunt und mit rutschfestem Boden und einem betonierten Anbindering in Brusthöhe ausgestattet sein. Das Halfter muss eine Polsterung und der Anbindestrick einen Panikhaken haben, der sich bei

*Anbindeübungen muss man vor dem Wanderritt durchführen!*

*Für den Schmied ist es wichtig, dass die Pferde gelernt haben, alle vier Hufe zu geben.*

heftigen Ruck lösen kann. Beruhigen Sie Ihr Pferd mit der Stimme und bleiben Sie die ersten Male dabei, bis Sie sich problemlos immer weiter entfernen können.

## Einsprühen

Natürlich kann man das Einsprühen des Pferdes auch umgehen, indem man Wasser oder Pflegemittel auf einen Schwamm aufträgt und über das Pferd streicht. Aber es ist auch eine sehr gute Vertrauensübung, wenn sich das Pferd von Ihnen einsprühen lässt. Nehmen Sie sich mindestens eine Woche Zeit zum Üben. Benutzen Sie eine Sprühflasche, die nur leise Geräusche macht. Gehen Sie nun mit der Hand und der Flasche an Ihr auf keinen Fall angebundenes Pferd heran und besprühen es einmal. Wichtig und nicht zu vergessen ist, dass Sie normal weiteratmen und nicht wie eine Katze um Ihr Pferd herumschleichen – strahlen Sie Selbstbe-

wusstsein aus. Das Pferd sollte bei dieser Übung auf jeden Fall die Möglichkeit haben, auch um Sie herumzulaufen. Bleibt es stehen, loben Sie es und führen wieder einen Sprühstoß durch. Dies geht so lange, bis Ihr Pferd begreift, dass es Energieverschwendung ist, vor einer harmlosen Sprühflasche wegzulaufen.

## Hufegeben

Ihr Pferd wehrt sich vehement, seine Hufe zu geben? Nun müssen Sie erst einmal ergründen, weshalb das so ist. Schließen Sie auf jeden Fall medizinische Gründe aus. Gibt Ihr Pferd nur die Vorderhufe, kann eine Knie- oder Hüftproblematik dahinterstecken. Viele junge Pferde haben Probleme mit dem Ausbalancieren und geben eher die Vorderhufe. Steckt eine schlechte Erfahrung mit dem Schmied dahinter, müssen Sie viel trainieren. Arbeiten Sie mit einem Helfer, der das Pferd an der Longe hält und

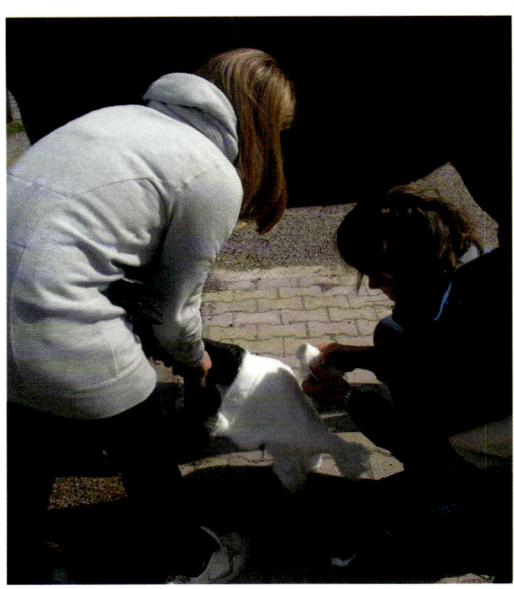

*Nur wenn das Pferd brav die Hufe gibt, ist eine schnelle Versorgung bei Verletzungen möglich.*

*Üben Sie das Kopfsenken durch Druck auf die obere Stirnpartie.*

üben Sie an einem ruhigen Ort. Die futtermotivierten Pferde unter den Vierbeinern lassen sich gerne mit einer Möhre belohnen und speichern das Erlernte so positiv ab. Streichen Sie dem Pferd über alle Beine. Heben Sie dann einen Huf ein wenig an und belohnen Sie es mit einer Möhre. Feuert Ihr Pferd nach hinten heraus, ist es eventuell besser, Sie ziehen einen Fachmann hinzu. Er wird dann vielleicht mit einem »falschen Arm« arbeiten: Ein Spazier-Stock wird dick mit Stoff und einem abgeschnittenen Hemdsärmel überzogen. Am Ende wird ein ausgestopfter Arbeitshandschuh festgenäht und in dessen Daumen der Bogen des Spazierstocks gesteckt – nun ist der falsche Arm fertig fürs Training am Pferd. Er hat den Vorteil, dass man selbst (fast!) nicht getroffen werden kann. Bei diesem Training kommt es auf das richtige Timing an. Der falsche Arm bleibt so lange am Pferd, bis es ruhig steht und nicht mehr austritt. Es wird nicht gestraft, sondern der Arm bleibt einfach an seiner Position am Huf oder Kronbein. Diese Trainingsvariante nennt man auch Desensibilisierung.

## Kopfsenken beim Halftern

Sind Sie zu klein und/oder Ihr Pferd zu groß, ist es eine Geste der Freundlichkeit, wenn es den Kopf zum Halftern senkt. Auch hier gilt es, wieder fleißig zu üben und auf das richtige Timing zu achten. Üben Sie zuerst, wenn das Halfter bereits auf dem Pferd ist, so haben Sie beim Üben mehr Kontrolle. Drücken Sie mit Daumen und Zeigefinger hinter den Ohren und erhöhen Sie den Druck, wenn keine Reaktion kommt. Lassen Sie den Druck sofort nach, wenn eine Bewegung nach unten ersichtlich ist.

*Anbindeübungen und Stillstehübungen kann man am besten mit einem Pferdekumpel trainieren.*

### Alleine-Gehen

Klebt Ihr Pferd am Stallkumpel, sodass es nicht möglich ist, alleine auszureiten, sollten Sie mit einem dritten Pferd üben. Pferde sind nun einmal Herdentiere und wenn wir ihnen nicht rangorientiert Richtung und Geschwindigkeit vorgeben können, dann entscheiden Sie selbst, wohin und wie schnell sie gehen wollen. Sie können das Problem auch lösen, indem Sie Ihr Pferd für 2–3 Monate in einen anderen Stall bringen. Ich rate aber davon ab, ein Pferd auf Biegen und Brechen auszureiten, mit Gerten auszuteilen oder Ähnliches, nur damit es sich vom Stall entfernt. Dabei passieren meistens schwere Unfälle, da das Pferd einfach mehr Masse hat. Sind die Dauerkumpels einmal getrennt, suchen Sie sich täglich neue Ausreitpartner.

### Stehen ohne Anbinden

Etablieren Sie dafür ein festes Kommando, z. B. »Steh«. Üben Sie mit einem langen Strick. Entfernen Sie sich Stück für Stück immer weiter. Bewegt sich das Pferd, korrigieren Sie es und schieben es sanft auf seine Ausgangsposition zurück. Dies wiederholen Sie über einen Zeitraum von 3–5 Minuten. Üben Sie das täglich, korrigieren Sie unerwünschte Bewegungen emotionslos und loben Sie Ihr Pferd ausgiebig, wenn es brav stehen bleibt.

### Stehen beim Aufsteigen

Zappelt Ihr Pferd herum, wenn Sie bereits einen Fuß im Steigbügel haben? Nun heißt es nicht etwa schnell rauf mit dem Bein, damit man die Abfahrt des Zuges nicht verpasst, sondern erziehen Sie Ihr Pferd besser dazu, stillzustehen. Sie können dies vorerst ohne Sattel am Anbindeplatz üben. Übertragen Sie das Kommando »Steh« fürs unangebundene Stillstehen am Anbindeplatz, wenn das gut funktioniert einfach auf diese Situation. Loben Sie das Pferd, wenn es gut gelingt. Jeder ungewollte Schritt vom Pferd muss korrigiert werden – es muss zurück auf die Ausgangsposition. Unter Umständen müssen Sie mehrfach auf- und absteigen, bis Sie Ihr Ziel erreicht haben, aber es lohnt sich!

### Bewältigen von Hindernissen am Boden

Scheut Ihr Pferd vor Hindernissen, die am Boden liegen, trainieren Sie in einem Round Pen: Legen Sie eine Plane aus und falten Sie diese klein. Deponieren Sie sie auf den Hufschlag, wo Ihr Pferd entlanglaufen muss. Lassen Sie das Pferd an der Longe oder frei herumlaufen und den Gegenstand von allen Seiten untersuchen. Wird die kleine Plane gut akzeptiert und auch überquert, lassen Sie Ihr Pferd kurz ausruhen und falten die Plane Schritt für Schritt etwas größer.

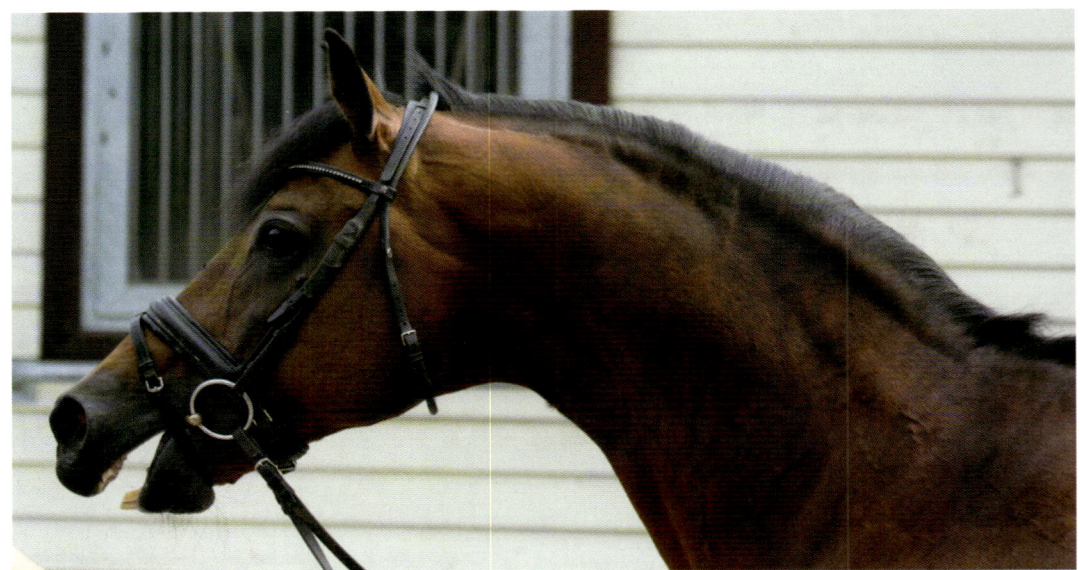

*Passendes und gepflegtes Equipment ist eine Grundvoraussetzung im Pferdesport. Über den Sperrriemen wird viel diskutiert.*

## Durchqueren von Wasser

Wenn Ihr Pferd vor jeder Pfütze zur Seite springt und niemals in einen See gehen würde, dann gehen Sie im Training ähnlich wie beim Hindernis-Problem vor. Wenn die Plane eine bestimmte Größe hat, können Sie die Ecken auffalten und ein wenig Wasser hineingießen, sodass Sie Ihre eigene kleine Pfütze basteln. Für ganz hartnäckige Fälle kann man auch mit einem erfahrenen Führpferd zusammenarbeiten.

## Duschen

Pferde, die sich nicht abduschen lassen wollen, haben meistens keine Angst vor dem Wasser, sondern eher vor dem zischenden Geräusch, dass das Wasser macht. Weiterhin muss man auch noch die Übung »Schlange« trainieren, denn Pferde können den am Boden liegenden Schlauch schnell fehldeuten. Hat man also alle drei »Gefahrenquellen« (Wasser, Zischgeräusch und Schlange) separat trainiert, kann man sich an einem schönen, warmen Tag allen drei Dingen zusammen widmen. Beim Duschen muss im Besonderen noch Folgendes beachtet werden: Spritzen Sie nie auf den Pferdekopf. Weiterhin sollten Sie den Pferdekörper eher mit einem Schwamm abwaschen und das tatsächliche Abspritzen nur an den Beinen vornehmen.

## ... über Equipment – Sattel, Trense und Hilfszügel

Jedes Pferd benötigt passendes Arbeitsmaterial. So wie der Hufschmied alle 4–6 Wochen die Hufe kontrolliert, so muss auch Zaumzeug und Sattel zum Pferd sowie zum Ausbildungsstand von Pferd und Reiter passen. Jedes Equipment muss gepflegt und

*Der Sattel muss Pferd und Reiter passen.*

sauber sein, schon allein der Unfallvermeidung wegen. Viele Probleme ergeben sich nämlich aus nicht passenden Trensen oder Sätteln. Pferde die buckeln, durchgehen oder steigen würden es in vielen Fällen gar nicht tun, wenn nur einmal jemand mit Fachkenntnis das Equipment nachgesehen hätte. Auch Taktfehler und Verspannungen können daher rühren.

## Zäumungen und Gebisse

Auf jeden Fall muss die Art der Zäumung dem Aus-bildungsstand des Pferdes angepasst sein und nicht der reiterlichen Fähigkeit. Man sollte unbedingt einen erfahrenen Trainer zu Rate ziehen, wenn man unsicher ist, was nun die richtige Wahl ist. Weiterhin gibt es auch viele gebisslose Alternativen, die besonders für Pferde, die sehr empfindlich im Maul sind, eine gute Hilfe sein können.

## Sättel

Zehn Sattler, zwölf Meinungen. So kann man den Zustand bei der Sattel-Frage am besten beschrei-

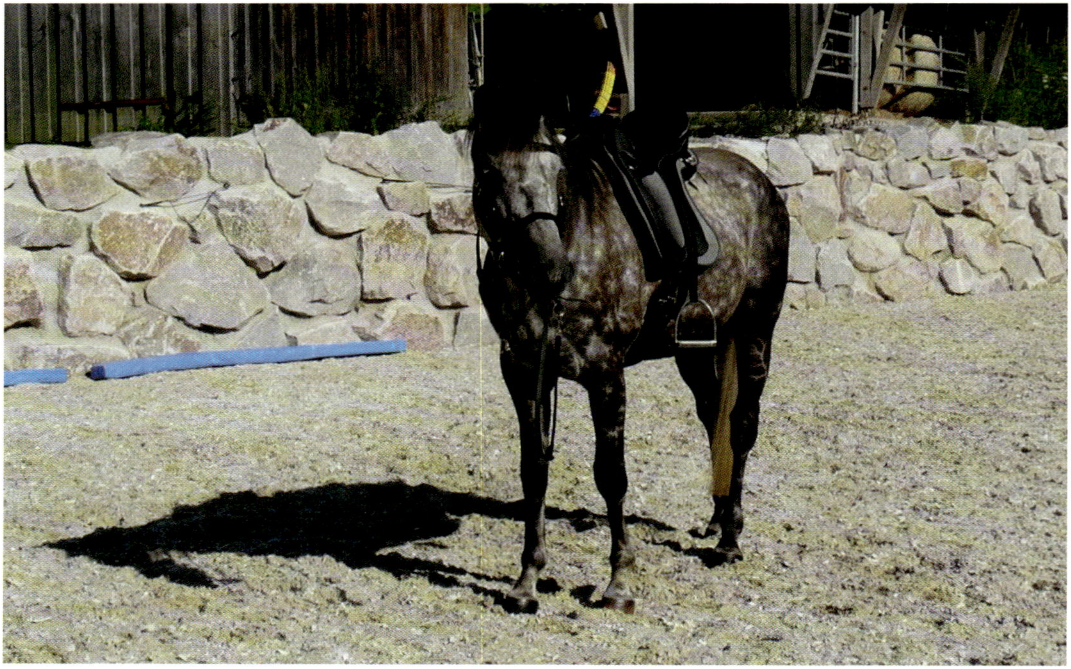

*Lassen Sie Ihren Sattel auf jeden Fall von einem Sattler anpassen – er muss im Stand und in Bewegung perfekt sitzen.*

ben. Leider tummeln sich viele schwarze Schafe unter der Zunft. Wie kann man einen guten Sattler finden? Checken Sie die entsprechenden Internetseiten: Dort sind viele Informationen und Erklärungen zu finden und der Sattler hält persönliche Termine und Liefertermine ein, dann können Sie es wagen. Weiterhin ist der Form des Sattels Beachtung zu schenken. Nicht jeder Billig-Sattel hat eine für das Pferd angenehmen Passform. Die besten Sättel sind die, die das Gewicht gut verteilen und – bei Dressursätteln – deren Kissen nicht starr auf den Rückenmuskel drücken. Holen Sie sich verschiedene Meinungen ein und lassen Sie sich beraten. Auf jeden Fall sollten Sie einen Sattel in allen drei

Gangarten ausprobieren und versuchen zu erfühlen, wie Ihr Pferd mit dem neuen Sattel geht. Schauen Sie nach einem Ritt auch das Schweißbild an. Ist es gleichmäßig verteilt oder fleckig? Und zu guter Letzt müssen Sie auch noch gut darin sitzen können und sich wohlfühlen.

## Hilfszügel

Wie der Name schon sagt, setzt man diese Zügel nur temporär als Hilfe bei einem bestimmten Problem ein. Sie sind nur für die Verwendung von Profis gedacht. Auf keinen Fall sollen sie zur Unterstützung eines schwachen Reiters dienen, damit er sein Pferd z. B. mit Schlaufzügeln besser kontrollieren

*Es ist schöner anzusehen, wenn ein Pferd seine natürliche Biomechanik nutzen darf, anstatt in der Rollkur geritten zu werden.*

kann. Wenn es nach mir ginge, würde ich die Verwendung von Hilfszügeln ganz verbieten. Es wäre besser herauszufinden, weshalb das Pferd nicht in der Anlehnung geht, weshalb es eilt oder den Kopf zu hoch nimmt. Hilfszügel fixieren das Pferd meistens in einer starren Position, wodurch Verspannungen nur noch verschlimmert werden.

## ... über die Rollkur

Was ist eigentlich die Rollkur? Wenn man etwas Kur nennt, dann muss das doch gut sein, oder? Das andere Wort für die Rollkur ist Hyperflexion, was schon ein wenig genauer beschreibt, was da passiert: Irgendetwas wird extrem gedehnt, so die Übersetzung. Das »Irgendwas« ist in diesem Falle der Pferdehals. Gerade als Pferdeflüsterer sollte man sich in aktuellen Themen auskennen und fachlich fundiert mitreden können. Hier würde ich Ihnen gerne ein wenig Information an die Hand geben, um sich selbst ein Bild und ein Urteil über die Hyperflexion zu bilden. Meiner Meinung nach kann man die Hyperflexion weder Methode noch Trainingsmethode nennen. Durch starke Einwirkung der Hand wird das Pferdemaul bis auf die Brust des Pferdes gezogen, was den Hals extrem rund biegt. Soviel zu der mechanischen Ausführung. Gehen wir etwas in die Tiefe und sehen wir

*Schön, aufmerksam und gut geritten: Die Pferde in der Working Equitation.*

uns an, was anatomisch dabei passiert: Damit das Pferd in sich stabil ist, zieht sich das sogenannte Nackenband vom Hinterhauptsansatz des Schädels oberhalb entlang der Nackenwirbel bis hin zum Kreuzbein (der Punkt 2–3 Handbreit hinter dem Sattel). Dieses sehnige Nackenband »hält« alle Wirbel und zieht sich an seinem hinteren Ende vom Kreuzbein aus sogar bis in die Muskulatur der Hinterbeine. Wird es also vorne abgeknickt, was bei der Hyperflexion passiert, hat dies bis in die Hinterbeine Auswirkungen. Was passiert also, wenn die Hin-

terbeine nicht normal ihren Dienst tun können? Der Gang sieht staksig aus, die Tritte werden kürzer, zudem verspannt auch noch die Rückenmuskulatur. Dies wiederum lässt den Reiter hart einsitzen. Das Einzige, was dabei für den Laien vermeintlich »gut« aussieht ist, dass die Vorderbeine des Pferdes in hoher Aktion zu strampeln beginnen. Sehen wir uns Pferde an, die in augenscheinlich beeindruckender Manier über die Diagonale traben, müssen wir sehr genau hinsehen, ob es sich um einen sogenannten Schenkelgänger oder Rückengänger handelt. Der

Schenkelgänger muss all seine Kraft für die Vorwärtsbewegung aus den Beinen holen, dabei passiert voran beschriebenes: Die Rückenmuskulatur verhärtet neben viele anderen Dingen, die hier den Rahmen sprengen würden, extrem. Der Rückengänger schwingt locker im Rücken, bei ihm wird das Gangwerk nicht durch zu harte Zügeleinwirkung bzw. durch einen zu kurzen Zügel gestört. Die ganze Bewegung geht durch das Pferd und es ist ihm möglich, seine Kopf- und Halspartie in relativer Aufrichtung zu den Vorderbeinen zu heben. Das Genick ist der höchste Punkt. Im Gegensatz dazu sehen wir oft bei Pferden, die in Hyperflexion geritten werden, dass der Hals zwischen dem 3. und 4. Halswirbel abgeknickt ist. Dies ist auch der Punkt, an dem das Nackenband geknickt wird. Neben den beschriebenen körperlichen Schmerzen durch Muskelverspannung erleidet das Pferd aber auch erhebliche psychische Störungen, wie neuste Studien bewiesen haben. Nun werden Sie sich vielleicht fragen, wenn Sie aufmerksam eine Dressurveranstaltung (selbst auf Olympia-Niveau) gesehen haben: Warum erhalten denn diese Reiter, die ihr Pferd in Hyperflexion reiten, trotzdem eine Goldmedaille? Nun, man muss dazu sagen, dass die Reiterei anscheinend an einem Scheideweg steht: Die einen sind auf Showeffekte aus und finden es schön, wenn ein schwarzer Hengst mit großen strampelnden Bewegungen durch das Dressurviereck geht. Die anderen haben viel Hintergrundwissen (wie Sie nun auch) und denken nicht nur an das nächste Preisgeld, sondern auch daran, dass wir es hier mit einem Lebewesen zu tun haben, das ein Recht darauf hat, »so trainiert zu werden, dass ihm keine Schmerzen zugefügt werden« – dies ist übrigens in Deutschland im Tierschutzgesetz § 1 verankert.

## ... über falsche Dogmen rund um das Pferd

### Im Winter müssen es Pferde im Stall schön warm haben.

Nein, auf keinen Fall. Pferde sind Klimakünstler und können in Temperaturen von -50 Grad bis +50 Grad leben. Wärme durch geschlossene Stalltüren und Fenster macht Pferde krank. Sie haben kein System, um Schadgase in ihrer Lunge abzubauen. Das ist auch oft der Grund, weshalb Pferde in geschlossenen Ställen zu husten beginnen. Durch den mangelnden Luftaustausch können Schadgase, die sich in Bodennähe bilden, nicht abziehen und schädigen die Lunge. Wenn die Pferdebesitzer diesen Kreislauf nicht kennen, schließen sie die Fenster und Türen, weil sie denken, das Pferd müsste es nun warm haben, damit es sich nicht erkältet. Das Ergebnis ist jedoch genau das Gegenteil, die Pferde werden krank.

### Kalte Gebisse muss man wärmen.

Ja. Stellen Sie sich vor, im Winter würde man Ihnen ein kaltes Metallstück in den Mund schieben und dann auch noch mit einem Sperrriemen den Mund zuschnüren. Am besten legt man das Gebiss in warmes Wasser oder wärmt es in der Hand.

### Pferde müssen im Winter Decken tragen.

Nein, dies ist nur in ein paar Ausnahmen nötig. Pferde benötigen an sich keine Decken, da sie Thermoregulierer sind. Geschorene oder alte Pferde sind aber mit einer Decke gut ausgerüstet – besser sie tragen eine, als dass man sie im Winter nicht auf den Auslauf lässt. Auch Pferden, die durchs Training ins Schwitzen geraten sind, sollte eine Decke aufgelegt werden, solange sie nass sind, damit sie sich nicht verkühlen.

*Pferde benötigen keine Decken. Als Thermoregulierer sind sie mit allem ausgestattet, was sie brauchen, um dem Wetter zu trotzen.*

**Pferde müssen den ganzen Winter lang mit Kräutern gefüttert werden, damit sie nicht husten.**

Nein. Kräuter nehmen Pferde nur selektiv auf, das heißt, sie wählen ganz genau aus, wann sie welche Kräuter zu sich nehmen müssen. Sie mit Kräutern durchgehend zu füttern, würde die Wirksamkeit herabsetzen. Husten entsteht eher aus den schlechten Haltungsbedingungen oder vom falschen Umgang mit dem Pferd nach dem Training. Lassen Sie sich Zeit beim Pflegen des Pferdes, damit es trocken zurück in den Offenstall/Stall kehren kann.

**Im Winter muss man nicht »abäppeln«, weil die Würmer erfrieren.**

Falsch. Weidehygiene muss in jeder Jahreszeit stattfinden und Würmer erfrieren auch nicht. Dass Wildpferde keine Würmer bekommen, liegt nur daran, dass sie einen riesigen Aktionsradius haben und Kot nur sehr gezielt eingesetzt wird: zum Beispiel als Kommunikationsinstrument, als Markierung und zur Vorbereitung auf die Flucht.

## Pferde dürfen keinen Schnee fressen, weil das eine Kolik verursachen kann.

Falsch. Wenn Pferde Schnee fressen, gleichen sie damit ihren Wasserhaushalt aus. Außerdem wird er im Mund so aufgewärmt, dass er schon als Wasser im Magen ankommt. Ein Zusammenhang von Schneefressen und Kolik wurde wissenschaftlich bisher nicht nachgewiesen.

## Pferden muss man mit Äpfel und Möhren füttern, damit sie genügend Vitamin C zu sich nehmen.

Nein, das würde sowieso erst zutreffen, wenn das Pferd riesige Mengen davon fressen würde. 2,5 kg Möhren ergeben 190 mg Vitamin A und über 100 kg Äpfel (Kolikgefahr!) würden 20 g Vitamin C liefern. Ein gesundes Pferd braucht aber gar keine Zufuhr von Vitamin C, da der Körper es selbst herstellen kann. Ein Apfel pro Tag und ca. 500 g Möhren reichen aus, um die Saftfutterzufuhr abzudecken.

## Ein Pferd darf nicht nass werden, weil sonst das Fett aus dem Fell gewaschen wird.

Nein, natürlich dürfen Pferde nass werden. Die Schutzschicht, die das Fell umgibt, ist ein wasserunlöslicher Fettfilm, der unter anderem aus den Talgdrüsen produziert wird. Wäscht man das Pferd jedoch mit einem Shampoo, das nicht für Tiere geeignet ist, kann tatsächlich der natürliche Schutzfilm ausgewaschen werden! Achten Sie daher immer darauf, das Pferd mit rückfettenden Produkten aus einer speziellen Pflegeserie für Tiere zu waschen.

## Ein nasses Pferd darf man nicht satteln, weil es sonst Satteldruck bekommt.

Nein, das ist falsch. Scheuerstellen ergeben sich nur, wenn man den Dreck auf dem Rücken lässt. Den wäscht man am besten mit einem Schwamm und etwas warmen Wasser aus.

## Man darf Pferde nicht mit Hafer füttern, weil sie dadurch wild werden.

Falsch. Natürlich beinhaltet Hafer Eiweiß, der in dieser Form schnell verdaulich ist und dem Pferd Energie gibt. Aber Eiweiß ist auch der wichtigste Baustein des Muskels. Ohne Eiweiß können also auch die Muskeln nicht wachsen. Wer sein Pferd dauerhaft eiweißfrei füttert, ernährt es falsch. Am besten berechnen Sie genau die benötigte Ration und vermeiden somit Eiweißüberschuss.

## Erhitzte Muskeln darf man nicht abspritzen.

Laut amerikanischen Studien erholen sich kalt abgespritzte Pferde besser, als diejenigen, deren Muskeln so auskühlen (siehe auch unter dem Abschnitt »Duschen«).

## Kötenbehang schützt vor Mauke.

Nein, unter dem dichten Behang kann Mauke erst so richtig erblühen. Nasse und schlammige Behänge sowie schlecht gemistete Boxen sowie nicht passende Futterrationen können Auslöser für die Krankheit sein.

## Im Sommer brauchen Pferde kein Heu.

Falsch. Raufutter ist das wichtigste Basisfutter und hält den Pferdedarm gesund. Ihr Verdauungssystem ist auf karge Nahrung spezialisiert. Leider sind bei uns die Weiden durch die intensive Landwirtschaft viel zu gehaltvoll. Pferde benötigen für ihre Darmgesundheit trockene, holzige Raufaser.

*Kiki Kaltwasser* ist Pferdewirtin, Kommunikationswirtin und seit 35 Jahren mit Pferden verbunden. Die passionierte Pferdefrau war lange Zeit als Horse-Selector für Problempferde bei Monty Roberts auf den Touren in Europa und in den USA tätig. Von 1997 bis 2011 reiste sie regelmäßig nach Kanada (British Columbia), um sich im Pferdetraining weiterzubilden. 2012 traf sie in den USA auf Buck Brannaman, der ihre Arbeit nachhaltig beeinflusst. Bereits 1999 entwickelte sie eine gewaltfreie Verlade-Methode mithilfe eines 10-Punkte-Programms und veröffentlichte diverse Fachbücher. Neben dem Training von Freizeitreitern, Dressur-, Spring- und Rennpferden trainierte sie auch Olympiateilnehmer mit Pferde-Problemen. Eine weitere Fortbildung zur Pferdethermografin im Bereich Vorsorge, Pferdegesundheit und Rehabilitation von Sportpferden im Leistungseinsatz rundet ihr breit gefächertes Wissen ab. 2006 gründete Kiki Kaltwasser die Europäische Pferde Akademie in Baden Baden, in der pferdebegeisterte Menschen zu Profis ausgebildet werden. Zu dem dort angebotenen Onlinestudium zum »European Equine Expert« mit dem Fachgebiet »Horsemanship« haben sich inzwischen Teilnehmer aus der ganzen Welt eingeschrieben und die Akademie wurde zur »European Equine Academy International« mit Standorten in Deutschland und Kanada. Seit 2012 wohnt Kiki Kaltwasser in Kanada und leitet dort das EEA-Forschungsprojekt über die letzten frei lebenden Wildpferde Kanadas.
Homepage: www.Pferdestudium.de
Kontaktadresse: EPA Postfach 56, 7641 Iffezheim; Pferdestudium@gmail.com

*Danksagung: Dieses Buch ist meiner Tochter, meiner Mutter und Großmutter gewidmet, die mich unermüdlich unterstützen und meinen »Pferdevirus« seit 35 Jahren tolerieren. Vielen Dank ebenfalls an Silke, die mich in den letzten Jahren so gut unterstützt hat (www.handsforhorses.de).*

# Unsere Erfolgsreihen auf einen Blick

**Die Reitschule** (Auswahl)

Heinrich Bergmann-Scholvien, **Arbeit an der Doppellonge**, ISBN 978-3-275-01805-5
Urte Biallas, **Bodenarbeitskurs**, ISBN 978-3-275-01830-7
Monika Hannawacker, **Zirkuslektionen**, ISBN 978-3-275-01831-4
Marlit Hoffmann, **Reiterrallyes – Reiterspiele**, ISBN 978-3-275-01850-5
Ute Holm/Carola Steen, **Westernreiten für Einsteiger**, ISBN 978-3-275-01858-1
Hannelore Leiser, **Voltigieren für Einsteiger**, ISBN 978-3-275-01856-7
Jutta Plötz, **Islandpferde – halten, pflegen, reiten**, ISBN 978-3-275-01829-1
Angelika Schmelzer, **Pferde erziehen**, ISBN 978-3-275-01709-6
Britta Schön, **Mein erster Turnierstart**, ISBN 978-3-275-01777-5
Viviane Theby, **So lernen Pferde**, ISBN 978-3-275-01804-8
Sigrid Weppelmann/Sandra Mensmann, **Longieren**, ISBN 978-3-275-01727-0
Sigrid Weppelmann, **Basispass Pferdekunde**, ISBN 978-3-275-01750-8
Inga Wolframm, **Angstfrei reiten**, ISBN 978-3-275-01729-4

**Die Hundeschule** (Auswahl)

Annegret Bangert, **Begleithundprüfung**, ISBN 978-3-275-01779-9
Ann-Sophie Griebel, **Clicker-Training**, ISBN 978-3-275-01714-0
Micaela Köppel, **Spiel und Spaß für jeden Tag**, ISBN 978-3-275-01732-4
Petra Krivy/Angelika Lanzerath, **Darf der das?**, ISBN 978-3-275-01835-2
Petra Krivy/Angelika Lanzerath, **Einer geht noch ...**, ISBN 978-3-275-01863-5
Petra Krivy/Angelika Lanzerath, **Was ein Welpe lernen muss**, ISBN 978-3-275-01689-1
Petra Krivy/Angelika Lanzerath, **Hunde verstehen**, ISBN 978-3-275-01756-0
Petra Krivy/Angelika Lanzerath, **Gut erzogen von Anfang an**, ISBN 978-3-275-01731-7
Petra Krivy/Angelika Lanzerath, **Mein Hund im Flegelalter**, ISBN 978-3-275-01810-9
Uta Reichenbach/Tanja Sinner, **Agility**, ISBN 978-3-275-01660-0
Monika Schaal/Ursula Breuer, **Gastfreundlich**, ISBN 978-3-275-01862-8
Monika Schaal/Ursula Breuer, **Komm zu mir!**, ISBN 978-3-275-01623-5
Monika Schaal/Ursula Daugschieß-Thumm, **Lockere Leine**, ISBN 978-3-275-01621-1
Julia Schuster/Jochen Schleicher, **Dog Frisbee**, ISBN 978-3-275-01755-3
Beate Schwarz, **Dummy-Training**, ISBN 978-3-275-01690-7
Manuela van Schewick, **Apportieren mit Spaß**, ISBN 978-3-275-01754-6

**happy cats** (Auswahl)

Sylvia Born, **Katzenkinderstube**, ISBN 978-3-275-01864-2
Nina Ernst, **Zufriedene Stubentiger**, ISBN 978-3-275-01760-7
Gabriele Müller, **Miau – Katzensprache richtig deuten**, ISBN 978-3-275-01782-9
Gabriele Müller, **Katzenspiele**, ISBN 978-3-275-01811-6
Annette Thomée, **Gesunde Katze**, ISBN 978-3-275-01839-0

Jedes Buch mit 96 Seiten,
ca. 80 Abb., broschiert,
je € 9,95/sFr 18,90/€(A) 10,30